U0167067

中国水资源风险状况与防控战略

赵钟楠　袁勇　刘震　等 著

·北京·

内 容 提 要

本书结合风险分析有关理论和我国水资源特点，阐述了水资源风险及其防控的有关理论概念，分析了我国水资源风险防控的现状形势，提出了水资源风险防控的总体战略和主要对策。本书共7章，包括：我国水资源风险及防控现状，我国水资源风险防控的总体思路，水资源风险前端管控，构建国家水网应对水资源风险，水资源风险影响的社会应对，水资源风险防控制度与技术支撑体系，结论和建议。

本书为科学认识水资源风险及其防控、提升我国及其他类似国家水资源风险防控能力提供了重要参考，可供从事水资源风险防控和水安全保障等方面研究的专家、学者借鉴，也可供相关专业的高校师生阅读。

图书在版编目（CIP）数据

中国水资源风险状况与防控战略 / 赵钟楠等著. -- 北京 : 中国水利水电出版社, 2021.11
ISBN 978-7-5170-9697-9

Ⅰ. ①中… Ⅱ. ①赵… Ⅲ. ①水资源管理－风险管理－研究－中国 Ⅳ. ①TV213.4

中国版本图书馆CIP数据核字(2021)第231789号

书　　名	**中国水资源风险状况与防控战略** ZHONGGUO SHUIZIYUAN FENGXIAN ZHUANGKUANG YU FANGKONG ZHANLÜE
作　　者	赵钟楠　袁　勇　刘　震　等　著
出版发行	中国水利水电出版社 （北京市海淀区玉渊潭南路1号D座　100038） 网址：www.waterpub.com.cn E-mail：sales@waterpub.com.cn 电话：(010) 68367658（营销中心）
经　　售	北京科水图书销售中心（零售） 电话：(010) 88383994、63202643、68545874 全国各地新华书店和相关出版物销售网点
排　　版	中国水利水电出版社微机排版中心
印　　刷	北京印匠彩色印刷有限公司
规　　格	170mm×240mm　16开本　10.5印张　127千字
版　　次	2021年11月第1版　2021年11月第1次印刷
印　　数	001—800册
定　　价	**80.00**元

前言

水资源风险防控是指通过经济、社会、管理、工程、技术等多种措施和手段，减少水资源系统的各类风险事件数量及损失。我国是一个水资源禀赋条件较差的国家。随着经济社会快速发展和气候变化影响加剧，在水资源时空分布不均、水旱灾害频发等老问题仍未根本解决的同时，水资源短缺、水生态损害、水环境污染等新问题更加凸显，新老水问题相互交织，水资源情势不确定性不断增大，水资源风险问题日趋复杂。进一步增强我国水资源风险防控水平，对推动新阶段水利高质量发展，提升国家水安全保障水平具有重要意义。

为贯彻落实《中华人民共和国国民经济和社会发展第十三个五年规划纲要》关于提高水资源风险防控能力的有关要求，2016年，课题组承担了国家发展和改革委员会农村经济司“提高我国水资源风险防控能力”课题的研究工作。在历时一年多的研究过程中，课题组全面梳理有关成果、科学阐述理论内涵、整体建构实施框架，提出了我国水资源风险防控的总体战略，相关研究成果已经通过验收，为近年来我国水资源风险防控有关规划、政策、方案的制定提供了参考。

课题组结合近年来水资源风险防控理论和实践新进展，在原有课题研究成果的基础上，通过丰富完善形成本书。本书共7章，主要针对我国水资源风险的概念内涵、防控现状、面临形势、总体思路、主要任务等内容开展了相关研究。第1章界定了水资源风险及其防控的有关理论概念，梳理了我国水资源风险及防控现状；第2章提出了我国水资源风险防控的总体思路；第3章至第6章明确了提升我国水资源风险防控能力的主要任务；第7章总结了有关结论，提出了相关建议。本书研究成果为科学认识水资源风险及其防控提供了理论基础，为提升我国水资源风险防控能力，有效防范、应对和化解水资源风险，保障国家水安全提供了重要的基础研究支撑。

参与课题研究及本书编写的有赵钟楠、黄火键、袁勇、刘震、田英、罗鹏、张象明等。第1章由赵钟楠、张象明编写，第2章由黄火键、袁勇编写，第3章、第4章由袁勇、刘震编写，第5章由赵钟楠、田英编写，第6章、第7章由罗鹏、刘震编写，赵钟楠负责总体统稿。本书在编写过程中，还得到了冯云飞、宋博等专家的指导和帮助，部分章节文字工作的处理也得到了中国科学院地理科学与资源研究所王冠的支持，在此一并表示感谢。

水资源风险防控是一项长期、系统的工程，涉及领域众多，从理论到实践都需要进行长期深入的探索。有关的研究刚刚起步，受认识所限，虽然作者开展了大量工作，但是有关研究成果难免有所偏颇和疏漏，敬请批评指正。

作者

2021年8月

目录

第1章

我国水资源风险及防控现状

我国是一个水资源禀赋条件较差的国家。虽然我国水资源总量较为丰沛，但人均水资源量少、水资源时空分布不均、水土资源不相匹配等基本国情水情，决定了我国经济社会发展面临较为严峻的水资源约束；加上气候变化和人类活动不断加剧，对水循环过程影响日益深远，水资源情势的不确定性不断增大。为应对日趋复杂的水资源风险，国家采取了一系列措施，对防控水资源风险起到了积极作用。但总体来看，水资源风险水平较高、防控能力不足仍然是当前的主要问题。只有科学、系统地认识我国水资源风险特征和防控现状，才能有的放矢，更为准确地应对和防控水资源风险。

1.1 变化环境下我国水资源基本情势

水资源，通常狭义上是指陆地参与水循环而不断更新的淡水。根据“第三次全国水资源调查评价”成果，1956—2016年，我国多年平均年降水量约为6.2万亿m^3，相应降水深约为652mm；多年平均地表水资源量约为2.7万亿m^3；多年平均地下水资源量约为 0.8 亿 m³，地下水与地表水资源不重复计算水量约为 0.1 万亿 m³；水资源总量约为 2.8 亿 m³。我国水资源基本情势包括以下特点。

1.1.1 我国水资源时空分布不均，水土资源匹配性较差

（1）水资源总量大，但人均、亩均水资源占有量少。我国水资源总量列世界第 5 位，低于巴西、俄罗斯、加拿大、印度尼西亚，约占全球水资源总量的 5%，但单位国土面积水资源总量为世界平均的 83%；人均水资源量约 2021m³，仅为世界平均水平的 27%；耕地亩均水资源量约 1500m³，约为世界平均水平的 65%。从水资源一级区看，海河、淮河、黄河、辽河等区人均水资源占有量小于 900m³，其中海河区仅有 210m³。海河、黄河、淮河、辽河、松花江等区耕地亩均水资源占有量均在 500m³ 以下。我国与部分国家人均水资源占有量比较如图 1.1 所示。

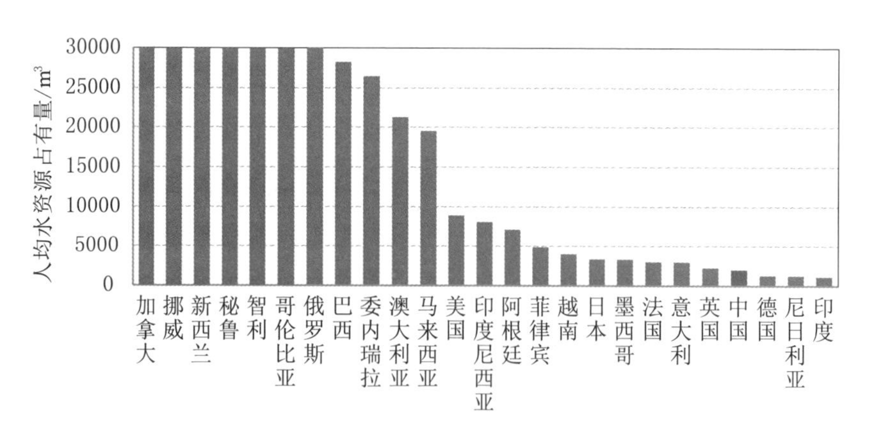

图 1.1 我国与部分国家人均水资源占有量比较

（2）水资源年内、年际变化大。我国不同地区的降水年内分配极不均匀。南北方大部分地区多年平均连续最大 4 个月降水多

出现在6—9月，北方地区6—9月降水量占全年降水量的70%～80%，南方地区一般介于50%～65%。我国大部分地区的降水年际变化也较大，变化幅度北方大于南方。年降水量最大值与最小值的比值：南方地区一般为2～3，北方地区一般为3～6，西北地区可超过10。受降水量分布的影响，我国主要河流的年径流量主要集中在汛期，6—9月4个月径流量占全年的60%～80%。北方地区通常每年洪水期来水十分集中，造成洪涝灾害，洪水期过后河道流量急剧减少，造成供水困难。我国径流量年际间的变化也较大，南方各河流年径流量极值比一般在5以下，而北方各河流年径流量极值比可达10以上。主要河流都曾出现过连续丰水年和连续枯水年的现象。

我国南北方降水年内分布情况如图1.2所示。

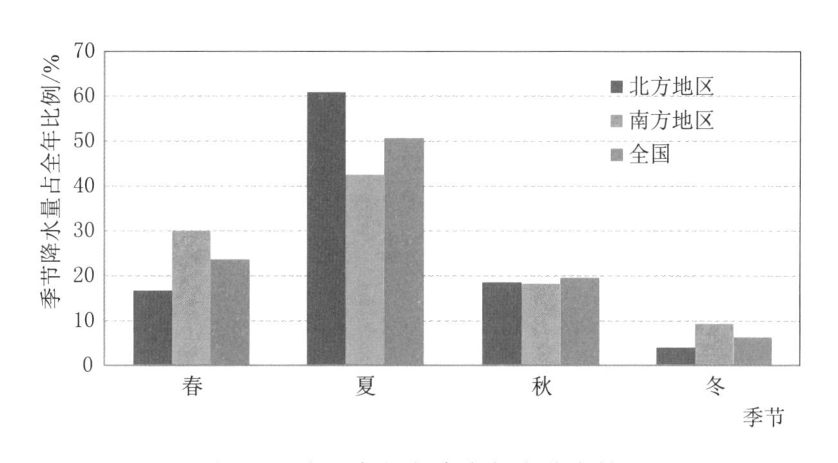

图1.2 我国南北方降水年内分布情况

（3）水资源与人口、耕地的分布匹配性差。我国水资源的地区分布不均匀，与人口、耕地和经济的分布不相适应。北方6区（包括松花江区、辽河区、海河区、黄河区、淮河区以及西北诸河区）国土面积占全国的64%，人口占全国总人口的46%，耕地面积占全国的63%，GDP占全国的45%，但水资源量只占全国的19%；南方4区（包括长江区、珠江区、东南诸河区、西南诸河区）国土面积占全国的36%，人口占全国总人口的54%，耕地面积占全国的37%，GDP占全国的55%，而水资源量占全国的81%。黄河、淮河、海河3个流域总面积占全国国土面积的15%，耕地面积占全国的34%，人口占全国总人口的34%，但水资源量仅占全国的7%，是我国水资源最为紧缺、水资源分布与生产力布局匹配最差的地区之一。我国13个粮食主产省主要位于黄淮海平原、东北平原及长江中下游平原，主产省耕地面积占全国的65%，粮食产量占全国的76%，水资源量占全国的40%，亩均水资源占有量仅908m^3。我国13个能源基地中，除四川水电能源基地和临沧全国生物能源基地外，均分布于北方地区，涉及山西、内蒙古、辽宁、吉林、黑龙江、山西、宁夏、新疆等8个省（自治区）。这8个省（自治区）的水资源量仅占全国的13%，人均水资源占有量为1456m^3，大多属于水资源紧缺的地区。

1.1.2 人类活动对水循环影响日益显著

（1）下垫面条件变化对水资源影响显著。在工农业生产、基础设施建设、水土保持和生态建设等人类活动影响下，包括植被等因素在内的陆地下垫面状况发生了一定的变化。近30年来，我国耕地面积增加39万km^2，有效灌溉面积增加2.5亿亩；森林面积增加90万km^2，森林覆盖率增加9.6%。下垫面的巨大变化改变了地表覆盖条件、地面坡度等局地的微地貌和地势特征，影响表层土壤结构和土壤水动力特性，导致水资源的入渗、径流、蒸散发等水循环要素发生变化，从而造成水资源量的变化。

根据第三次全国水资源调查评价成果，近20年来黄河流域和海河流域水资源衰减态势明显，其中黄河流域地表水资源量、水资源总量分别偏少13.1%、11.6%；海河流域地表水资源量、水资源总量分别偏少38.7%、24.5%。未来下垫面条件变化对水资源影响还将进一步加剧。

（2）水资源开发利用对水资源情势影响明显。目前我国已初步建成了世界上规模最大、功能最全的水利基础设施体系，有力支撑了经济社会可持续发展。水库数量由中华人民共和国成立初期的348座增加到9.8万多座，总库容由271亿 m^3 增加到9035亿 m^3，建成5级以上江河堤防30多万km、水闸10万多座、泵站9.5万处、50亩及以上灌区206.57万处，农田有效灌溉面积达到9.8亿亩，全国水利工程年供水能力达到8500多亿 m^3。这些水利基础设施在保障经济社会用水需求的同时，对河流水文情势造成了一定影响，径流量的年内分配和河道上下游实测流量发生了变化。地下水的开采改变了包气带和含水层的特性，影响了地表水及地下水的水量交换特性。北方地区河流水文过程受人类活动影响加剧，大部分河流实际径流量比其天然径流量显著减小，甚至出现断流。黄河、淮河、海河、辽河流域自20世纪50年代以来入海水量呈递减趋势，特别是平水期和枯水期，入海水量递减幅度更为显著。海河流域由1956—1979年年均155亿 m^3 减少为2001—2019年年均38亿 m^3，降幅达75%，入海水量占集水区地表水资源量的比例从69%下降到30%；黄河流域由1956—1979年年均410亿 m^3 减少为2001—2019年年均170亿 m^3，降幅达89%，入海水量占集水区地表水资源量的比例从65%下降到29%。环渤海流域入海水量受水资源量的丰枯变化和水资源开发利用程度等自然因素和人为因素的综合影响，北方地区地下水资源的过度开发利用导致地下水位普遍降低，对地下水的补给、径流和排泄产生了一定的影响。平原区的降水入渗补给量减少，地下水对河道排泄量也显著减少。总体来看，北方平原地下水开采区浅层地下水储存变量累积变化从1998年以来呈现连续下降趋势，其中黄淮海平原尤为明显。近年来，随着南水北调一期工程通水以及实施华北地区地下水超采综合整治等，黄淮海流域地下水超采量较2000年减少146亿m^3，下降66%，主要是深层地下水开采量发生明显下降，开采量减少122亿m^3，下降幅度达76%。其中海河流域地下水超采量减少最大，为58亿m^3，下降幅度为55%；黄河区地下水超采量下降幅度最大，达81%，其中深层地下水开采量得到压减。但地下水超采是几十年形成的长期性、累积性和结构性问题，短期内难以有效解决，地下水位整体上仍处于下降态势。

1.1.3 气候变化加剧了水资源系统的不确定性

水循环系统是地球物理系统的重要组成部分，它与气候变化相互影响、相互作用。气候变化对水资源系统的直接影响主要表现在各种水文要素（如降水、蒸发、径流、土壤含水量）的变化，以及这些要素在时间、地点、范围中的变化。这些变化会引起水资源在时空上的重新分配，对水资源管理和开发利用产生重大影响。气候变化对水资源系统的影响主要体现在以下几个方面：

（1）河川径流量减少，水资源区域分布更为不均，增大了水资源开发利用的难度。近50年来，我国主要江河实测径流量多呈下降趋势，其中，海河流域的径流量1980年以后减少了40.8%，黄河中下游地区的径流量显著减少，北方河流普遍断流，水资源量不足非常突出。未来50～100年，全国多年平均径流量在北方地区可能会进一步减少，水资源分布会更加不均。

（2）区域干旱频发，缺水问题突出，水资源供需矛盾加剧。20世纪80年代以来，华北地区持续偏旱，京津地区、海滦河流域、山东半岛等连续多年平均降水量偏少15%或以上；90年代以后，干旱区从黄淮海地区继续向西北、西南、东北方向扩展，21世纪以来的平均受旱率、成灾率较20世纪均有明显增加；2008年、2009年连续两年大范围干旱，其中，2008年农作物受旱面积1.82亿亩，造成粮食损失161亿kg；2009年春旱造成15省1.36亿亩作物受旱，346万人饮水困难。气候变化使粮食安全和供水安全受到一定程度的威胁。

（3）气温升高导致冰川退缩，湖泊、湿地面积减小，海平面上升导致海水入侵加剧，加重了生态环境恶化情势。气温上升导致江河源区冰川退缩。20世纪以来，西部山区冰川面积减少21%，使河川径流的补给和季节调节能力大为降低。近些年来，北方河流断流、湖泊萎缩甚至消失现象较为普遍，湿地功能下降，生态环境恶化。沿海地区由于海平面上升引起了严重的海岸侵蚀、海水入侵、土壤盐渍化、河口海水倒灌等系列问题，严重影响沿海地区的供水安全和农业生产安全。

总体而言，全球气候变化已经是不争的事实，气候变化加剧了水资源短缺，对社会经济可持续发展构成威胁；导致水资源时空分布格局发生变化，影响水资源利用和保护的总体战略。

1.2 水资源风险概念内涵与研究进展

对于如何准确认识和分析水资源风险及特征，目前尚未形成统一的认识，这就给我国水资源风险管控带来困难。需要从系统的角度，准确把握水资源风险的概念内涵，深入分析水资源风险理论研究进展，进而科学分析我国水资源风险特征。

1.2.1 水资源风险概念内涵

1.2.1.1 水资源风险定义

关于风险，国内外已有很多种定义，仅联合国大学（波恩）环境与人类安全研究所推荐的风险定义就有22种，这些定义至今仍未形成统一。例如，联合国人道主义事务部将风险定义为在一定区域和给定时段内，由于特定的灾害而引起的人们生命财产和经济活动的期望损失值。国际地质科学联盟认为风险是对健康、财产和环境不利的事件发生的概率及可能后果的严重程度。日本减灾中心给出的风险定义是由某种危险因素导致的损失（死亡、受伤、财产等）的期望值。总的来说，可将风险定义为：非期望事件发生的不确定性及导致后果的严重程度。这种不确定性，事实上是表征实际结果与期望之间的不确定性，因此，“水资源风险”（实际结果）伴随着“水资源安全”（期望）的出现而出现。从水资源角度出发，通过总结目前国内外有关研究成果可以看出，水资源风险可以认为是“在特定时空条件下，水资源系统中非期望事件发生的概率以及所造成的有害结果的损失程度”。

1.2.1.2 水资源风险要素

基于水资源风险的概念，分析水资源风险需要关注三个要素：水资源系统、非期望事件和有害结果，而这三个要素按照风险分析的理论可以表述为风险受体、风险来源和风险表征。

（1）风险受体。现有的研究对于水资源风险的受体（即“水资源系统”）的认识，一般局限在单纯的经济社会系统或者单纯的自然水系统。随着人类活动介入水循环的不断深入，水循环从纯自然循环转变为人工-自然共同作用下的循环模式，使得自然水系统和经济社会系统相互耦合，产生的各种风险都是基于“经济社会-水复合系统”（以下简称“复合系统”），因此水资源风险中的水资源系统，所指的应该是复合系统。

（2）风险来源。风险来源即“外界影响”。这种外界影响，是复合系统作为一种开放系统，外界对其输入的各种物质、能量和信息。从水资源风险来看，导致水资源风险的来源包括自然和人为两方面：自然影响，如气候变化等，是没有或较少受人类活动控制的影响输入；人为影响，如污染排放等，是主要受人类活动决定的影响输入。

（3）风险表征。风险表征也可称为风险效果，即“非期望事件导致了有害结果”。有害结果可以理解为复合系统提供的各种“服务功能”丧失或大幅减少。各种服务功能中，最重要的功能包括水量、水质、水生态。水量表征的是复合系统提供的与水资源数量有关的服务功能；水质表征的是复合系统提供的与水资源质量有关的服务功能，这两项功能主要是经济社会系统发展所需要的基础保障；水生态表征的是复合系统提供的支撑生态健康的服务功能，主要是水生态系统稳定所需要的基础保障。这三个方面功能受损，可以表征为水量短缺、水质恶化、水生态破坏等具体指标。

风险来源、风险受体和风险表征这三个水资源风险要素及其关系如图 1.3 所示。

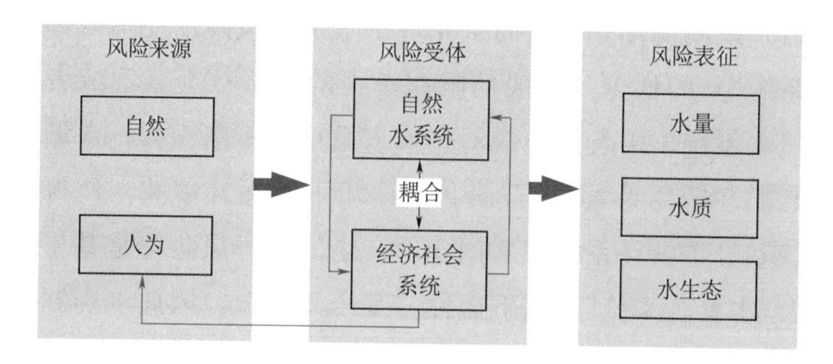

图1.3 水资源风险要素及其关系示意图

注：图中箭头表示组分之间的关系。

1.2.1.3 水资源风险产生机理

风险来源、风险受体和风险表征三个要素通过“风险链”的形式相互联系，共同产生了“水资源风险”。

一般情况下，复合系统在各种外界影响（包括自然影响和人为影响）的输入下，形成了一种动态稳定的状态，其输出的各种服务功能保持稳定。由于复合系统具有一定的“弹性”，在外界影响输入存在一定波动情况时，复合系统能够维持自身稳定，并且保持相对稳定的输出（见图1.4）。这种未超过复合系统弹性的外界输入的变化，一般不会造成输出的“非期望”和“有害结果”。

当外界影响显著变化，超过了复合系统的“弹性阈值”后，复合系统进入非稳态，造成复合系统无法维持其自身结构和相互联系的稳定，产生了“不可逆”的变化，从而导致输出的各种服务功能出现显著改变，并且朝着不利的方向演化（见图1.5）。这种导致系统出现不可逆变化的影响及其结果，即水资源风险。

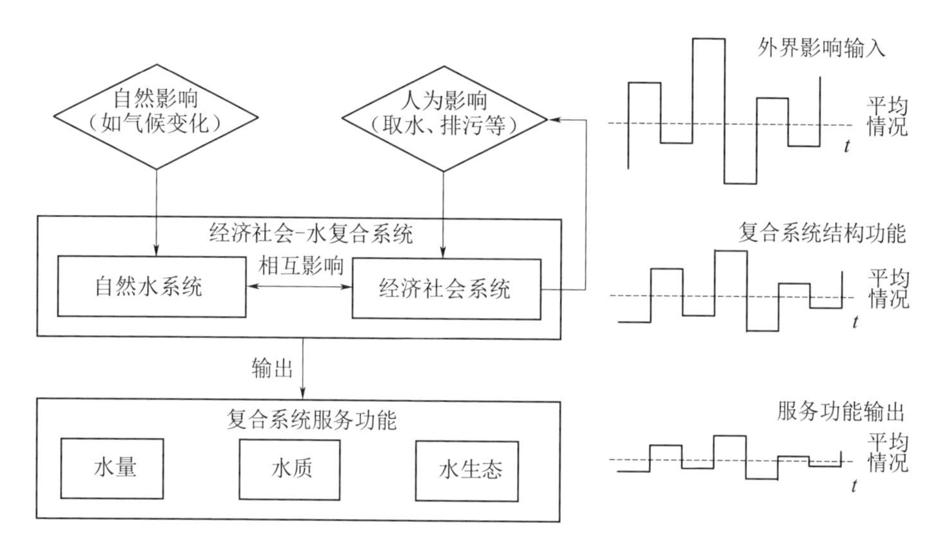

图 1.4　稳态条件下复合系统与外界影响输入和服务功能输出的示意图

注：复合系统对外界影响输入的响应有一个滞后和减缓效应。

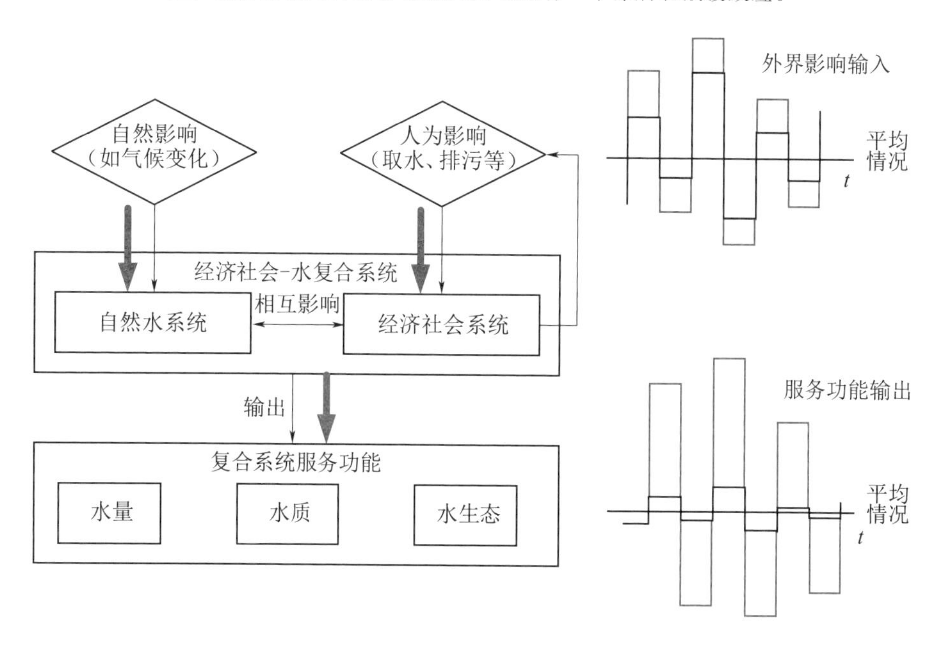

图 1.5　非稳态条件复合系统与外界影响输入和服务功能输出的示意图

注：图中红色箭头表示超过正常水平的各种输入和输出。

因此，笔者认为，水资源风险即：经济社会系统和自然水系统相互耦合形成的“经济社会-水复合系统”，在自然和人为两种外界影响超过其维持结构稳定的阈值后，导致其输出的服务功能显著退化的可能性及其后果程度。

从这个定义出发，可以从以下三个方面分析评价水资源风险：

(1) 评价外界影响的类型和强弱，即风险来源强度。自然影响可以通过气候变化等有关指标表征，人为影响可以通过水资源开发利用程度、水污染排放总量等有关指标表征。

(2) 评价复合系统自身的“弹性”大小，弹性即表征复合系统抵抗外界影响变化的能力。经济社会侧可以通过用水效率、非常规水源利用程度、应急备用水源利用程度等有关指标表征；水生态系统侧可以通过水生态系统脆弱性等有关指标表征。

(3) 评价风险效果，即带来非期望的有害事件的程度。评价风险效果可以用水资源短缺程度、水环境质量、生态环境用水保障程度等有关指标表征。

1.2.2 水资源风险理论研究进展

随着我国经济社会的快速发展和环境条件的急剧变化，水资源问题日益突出，水资源短缺严重，水环境污染增加，水生态情况严峻。水资源作为基础性的自然资源和战略性的经济资源，不仅直接关系到防洪安全、供水安全、粮食安全，而且关系到经济安全、生态安全、国家安全。近年来国家对水资源情况愈发重视，为保障水资源安全，应对水资源风险，对水资源实行风险管理已成为水资源管理的趋势和必然要求。

近年来我国在水资源风险研究方面取得了许多可喜的进展和

成果，为保障国家水安全提供了科学依据和理论支撑。但无论在理论层面，还是应用方面都存在一些问题，仍需深入探讨。现有的水资源风险评价大多针对某些典型缺水城市或地区，或者仅从水量、水质、水生态和水相关灾害的某一方面进行分析，全国范围内多角度的水资源风险评价鲜有报道。另外，虽然部分研究已经针对风险分析现状提出了相应的应对管理措施，但未系统地提出水资源风险应对框架，有待进一步完善。

1.2.2.1 风险概念框架

联合国政府间气候变化专门委员会（IPCC）第五次科学评估报告基于近年来的研究成果，提出了最新的风险概念框架（见图 1.6），将风险产生的根源归纳为危险性（hazard）、暴露度（expose）和脆弱性（vulnerability）三个要素。风险概念框架将风险描述为以上三个要素共同作用的结果，认为是三者之间的复杂相互作用产生了风险。从风险的定义（非期望事件发生的不确定性及导致后果的严重程度）出发，风险包括“不确定性”及“严重程度”两部分，其中不确定性是风险事件的本质特征，这种不确定性常常由概率概念从数学角度表示，通过概率密度函数进行表征。风险事件发生的概率可认为是危险性、暴露度和脆弱性同时发生的概率，利用公式表示为：

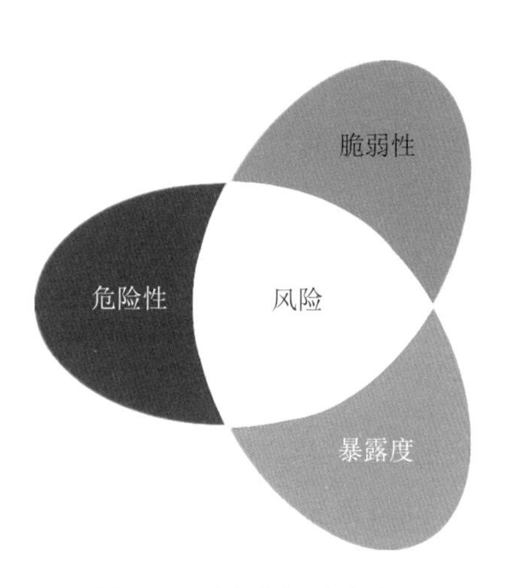

图 1.6 风险概念框架

风险＝危险性×暴露度×脆弱性

由该式可以看出，这三个要素中的任何一个或多个增大，风险就随之增大；反之，其中任何一个或多个要素减小，风险也会相应地减小。从风险要素和风险概念框架出发，可以认为，风险是风险来源的危险性、风险受体的暴露度、风险受体的脆弱性共同作用的结果。因此，衡量风险可能造成的损失，不能仅仅从风险来源发生的概率和强度来衡量，而要同时考虑风险受体的暴露度和脆弱性，这种风险计算方法目前被广泛用于风险研究。

（1）危险性是刻画和描述风险来源的重要表征，指的是由自然或人为引起的物理事件、趋势或影响造成生命、健康、财产、基础设施、生计、服务、生态系统和环境资源的潜在损害和损失发生的可能性。危险性主要探究的是自然或人为风险事件发生的频率及规模，例如，极端降雨事件的频次和大小，旱灾和洪涝灾害的概率和强度，污染物排放的次数和浓度，生物入侵的规模和范围等。风险产生和存在与否的一个必要条件是风险来源的危险性，它不但从根本上决定某种风险是否存在，而且还决定着该种风险的大小。例如，船舶漏油事件的发生将带来风险，而事件发生的频率越高，规模越大，对水体、环境、生物的威胁越大，可能带来的风险越大。

（2）暴露度是评价人员、经济资产和生态系统三个方面的风险受体是否处于风险来源的作用范围内，是否位于可能受到不利影响的地区或环境中。其中风险受体包括人员、农产品、生计、物种、生态系统、环境功能、服务和资源、建筑物、公共设施和基础设施、经济社会或文化资产等。其表征的是人员、经济资产和生态系统中的哪些元素处于自然或人为灾害事件风险中，以及这些可能受灾害影响的资产的位置、属性和价值。风险受体的暴露度是产生风险的另一个必要条件，如果风险受体在风险来源的作用半径之内，则可能遭受不同程度的损失；反之，如果风险受体在风险来源的影响范围之外，即没有人员或其他要素可能受自然现象或者人为活动影响时，风险是不存在的。例如，在无人居住的地区即使发生非常强烈的洪涝事件也不会引发风险。洪涝事件能否造成风险，取决于它在何时何地发生，影响范围内的人员、财产、生态价值有多少。暴露在洪水路径范围内的人员、牲畜、农作物、建筑物、生态系统等资产的价值越高，可能带来的风险越大。

（3）脆弱性是描述风险受体的另一个重要性质，用来反映风险受体抵御风险来源作用的能力，表征风险受体受到不利影响的可能性或倾向性，包括对伤害响应的敏感性以及缺乏应对和适应的能力等。其表征人、经济资产和生态系统中暴露的元素应对危险的水平，指的是在暴露于危险中时被损坏、毁坏或影响的可能性。工程及非工程防护措施越好，风险受体就能够抵抗较强的风险来源，具有越高的安全性，脆弱性越低。风险受体的脆弱性影响着产生风险的大小，风险受体的脆弱性越高，可能发生的风险越大。例如，与年轻人相比，老年人由于难以快速行动或撤离，更容易受到洪水的影响；与单层建筑相比，多层建筑更容易受到地震的影响，也更容易倒塌。因此，老年人和多层建筑的脆弱性更高，面对强度相同的风险事件，可能会产生更大的风险。

1.2.2.2 水资源风险评价

在风险概念框架下，评价分析水资源风险通常从以下三个角度展开：分别是风险来源的危险性、风险受体的暴露度及风险受体的脆弱性。它们共同作用导致的结果表征为风险的严重程度。

（1）水资源风险来源的危险性是指在水资源灾害或趋势或物理影响发生时可能造成的生命、基础设施、财产、生计等损失和伤害，常用年均降水量、可供水量、需水量、人口用水总量、人均水资源占有量、地下水资源量、地表水资源量、污染物浓度等进行表征。例如，分析气温、降水等直接或间接影响水文过程的自然要素变化对水资源系统的危险性，可以用水分亏缺频率、日照时数、干旱指数、标准化降雨蒸散发指数等综合指数刻画；分析农业开发及灌溉对农业水资源系统的危险性，可选择农业灌溉面积、人均粮食产量、农业用水比例、农业缺水率等指标进行评估。危险性的大小取决于风险来源的环境变异程度，常用风险来源的活动规模（强度）和活动频次（概率）来表示。风险来源强度越大，频次越高，危险性越大，作用于同等条件的风险受体所造成的破坏损失就越严重，风险也就越大。例如在分析水短缺风险时，可以统计各等级的水分亏缺事件的发生频率，水分亏缺事件的等级越高，发生频率越高，危险性越高；在分析水质风险和水生态风险时，可以关注污水排放的数量和频率，排污量越大，频率越高，复合污染物毒性越大，危险性越高。危险性的大小往往是动态变化的，气候变化、城镇化、产业结构变化等风险来源的不确定性，使得区域水资源最大可利用量、工农业需水量、经济社会需水量等发生动态变化。例如，分析工业化对水资源风险的影响需要考虑工业化进程。在工业化初期，工业发展进程较快，工业用水效率较低，工业化发展相对落后，工业用水增长较快，对水资源系统的危险性也比较大；当工业化发展到后期，达到了较高的水平，工业化进程逐步放缓趋于平稳，一些高耗水、高污染的工业逐渐被淘汰，对水资源系统的危险性不再增加，甚至有可能降低。

（2）水资源风险受体的暴露度指的是人员、生计、基础设施、经济等可能受到水资源风险不利影响的位置和环境，常通过人口密度、人口总量、经济产值、工业企业个数、耕地率、农作物面积、城市生态面积等指标来衡量。暴露度的大小与人员和资产所在的地理位置有关，位置越靠近水资源风险来源，可能遭受的损失越大，暴露度越高。各方面发展相同的地区，越靠近河流越容易遭受洪涝灾害的威胁，暴露度更高。此外，暴露度的大小与暴露在水资源风险中的人员和资产数量和价值相关，处在水资源风险中的人员和资产数量越多，价值越高，暴露度越大。随着社会的高速发展，人口不断增加，经济水平持续上升，对生态环境的破坏加剧，面对自然灾害时流域内可能遭受的损失也在逐渐增加，因此暴露度会随着社会的发展而增加。在相同的地理位置，人口数量多、经济发展快、基础设施完善、耕地较多的地区，在遭受同样程度的水资源风险问题时，容易造成的损失程度更大，暴露度更低。

（3）水资源风险受体的脆弱性是指受到气候变化、极端事件、人类活动、自然灾害威胁或其他危险的影响，水资源系统正常的结构和功能受到损坏并难以恢复到原有状态和功能的性质或状态。常通过单位 GDP 取水量、人均用水量、人均生态面积、生活污水处理率、工业废水处理率、水资源利用率、工业用水定额、生活用水定额、水环境特征、水生生物区系、水生物种分布进行刻画。脆弱性是刻画水资源系统的敏感性和恢复力的指标，是水资源的内在属性，同时还受到气候变化和人类活动等外因驱动的影响。对于自然地区的水资源系统，脆弱性与水资源量、水环境、水生态本底条件有关。例如对于降水量少、蒸发量大的地区，旱季常出现河流自然断流现象，供水能力低，易出现污染问题，河流自净能力低，水生态易遭受破坏，则该区域脆弱性较高，在自然或人为风险来源的影响下更容易遭受到损害，引发水资源短缺风险、水质风险、水生态风险等一系列问题。对于社会经济系统，人口越密集、城市化程度越高、需水量越多的地区脆弱性越高，用水技术和管理水平越高、用水效率越高、供水条件越好的地区脆弱性越低。当水资源脆弱性未明显表现时，不代表脆弱性不存在，只有当外力积累到一定程度才会显现出来。而流域水资源的脆弱性不仅可以依靠系统自身的恢复能力缓解，还可以通过人为的针对性措施得到改善。

1.2.2.3 水资源风险应对框架

依据风险概念框架，可以通过不同的政策和行动降低风险来源的危险性，减少风险受体的暴露度，或降低风险受体的脆弱性中的一项或多项来降低风险，增强水资源系统的适应性，降低水资源风险损失的频率或改变损失后果的影响程度，缓解水资源风险表征的严重程度。20世纪中叶以来，受气候变化和人类活动的共同影响，我国北方地区主要河流径流量不同程度减少。同时，气象灾害频发降低了水资源的可利用性，导致我国北方水资源供需矛盾加剧，南方则出现区域性甚至流域性缺水现象。在未来气候持续变暖背景下，水资源系统结构将会继续发生改变，水资源数量可能进一步减少，水质进一步下降，旱涝灾害更加频繁，尤其是时空分配上会更加不均匀，进一步加重我国水资源的脆弱性，未来我国水量、水质、水生态相关的水资源风险可能会显著增加。风险具有可识别性的特点，从而给予了人们通过一定的措施进行防范风险的可行性。全球气候变化和人类活动的复杂作用为防范水资源风险提出了新的方向和要求。因此，笔者基于水资源风险理论基础，提出水资源风险应对框架（见图1.7），以期通过一系列工程及管理措施规避水资源风险。

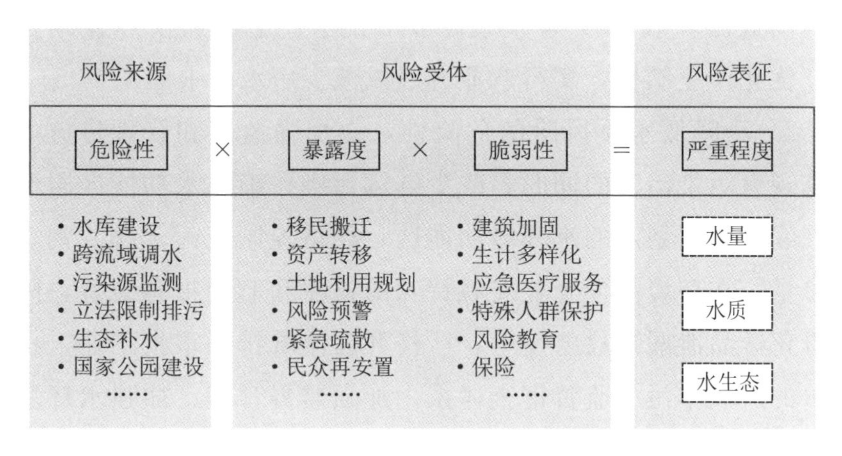

图1.7　水资源风险应对框架

（1）降低风险来源的危险性。为有效应对水资源风险，以下从水量、水质、水生态三个角度进行分析，探讨如何降低水资源风险来源的危险性。

1）水量问题可分为水多、水少两种情况，分别对应洪涝灾害风险和干旱短缺风险。为降低洪涝风险的危险性，可通过建造防洪堤、溢洪道等水利工程设施以改变洪水事件的进程；采取基于生态系统适应性的措施，如种植河岸缓冲带、河岸带植树造林以减少洪水和延迟峰值流量。为缓解水资源短缺风险，可从供给侧和需求侧两个角度进行部署：从供给侧来看，通过水库建设和利用天然湖泊储水以减轻低流量时期的供水压力；建设南水北调、引江济汉等跨流域调水工程设施缓解供水空间分布不均衡问题；通过中水回用、海水淡化、人工降水、雨洪利用等非常规水资源开发利用措施提高供水能力。从需求侧来看，包括：确立水资源开发利用控制红线，建立取用水总量控制指标体系；确立用水效率控制红线，杜绝用水浪费，把节水工作贯穿于经济社会发展和群众生产生活全过程；发展农业高效节水灌溉技术、工业水资源高效循环利用技术等综合节水技术；通过加快产业结构调整，优化产业结构，实行产业升级以减少用水需求等。

2）为降低水质风险的危险性，应加强监察和管理措施，在实施现有污染治理的同时，减少继续污染；确立水功能区限制纳污红线，按照划定的水环境功能区，严格控制废污水排入河、湖的总量；在环境高危企业安装特殊的仪器和监测报警装置，降低有毒化学品泄漏事故的发生；严格开展流域排污审批工作，构建完善的流域排污口监督审查体系，加强监督管理；加强水环境安全法律法规的立法、执法与政策落实；安装水质监控系统，对流域排污情况进行智能检测，实时监测排放水体是否达到相应的排放标准，及时发现风险；控制工业点源污染，出台政策支持企业进行产业升级和设备升级，关停高污染企业；降低农药化肥施用强度，减少农业非点源污染；减少生活污水的排放，提升污水处理技术，进行中水回用等。

3）针对降低水生态风险的危险性，可采取的措施有：划定生态用水红线，在水资源规划中预留生态需水量，保障生态环境用水；在保证河道下泄基本生态流量的基础上，采取适当的生态修复措施，建立河道第二生态系统，做好对水生生境的修复；通过生态补水进行河湖生态修复，增强河湖自净能力，减少氮磷含量，改善河湖水质，修复生态环境；加强生态立法和监管，完善水生态环境保护法律体系，严惩违反水生态保护相关法规的单位或个人；科学划定水源保护区，合理控制人工养殖密度，尽量保持原有的水生态环境；改善河湖周边环境，改进农业能源与肥料结构，调整工业产业结构，减少化肥、农药、工业废水的污染；

建立可持续的生态补偿机制，探索水生态保护与经济社会发展的和谐共生之路；加强国家湿地公园和生态保护区建设等。

（2）降低风险受体的暴露度。主要针对是工程周围的居民、饮用输送水工程沿线的居民以及农作物等，通过提升水资源安全监测预警技术，开发水量、水质、水生态环境预警系统，提高监测和预报危害的能力。对洪涝灾害、水短缺问题突出、水污染严重等高风险地区进行移民搬迁；土地利用规划过程中考虑风险敏感性分析，在土地使用前期进行科学规划决策以确保新开发项目不会受到水资源风险灾害事件的影响，同时对现状进行重新规划；风险来临前提高居民的安全意识，改进高风险区域应急疏散撤离系统，及时减少风险影响范围内民众、财产的数量；提高对风险下潜在流离失所民众的再安置能力。

（3）降低风险受体的脆弱性。可加固和改造不满足建筑标准的旧建筑和基础设施，提升其抵御水资源风险的能力；推进生计多样化，最大限度地降低完全以农业生产为基础的生计结构中的风险；增强水资源风险事件应急处置能力，提前做好风险预案，当水资源风险发生时能迅速转移人群，并提供民众能够负担得起的高质量医疗保健和应急服务；增加社会保障，对婴儿、幼儿、老人等风险抵抗能力低的特殊人群进行特殊保护；增强民众水资源风险教育，增强防范意识和自我保护能力；建立水权交易、风险基金制度、保险保障等金融政策进行风险转移，增加水资源风险受体的恢复力，减少脆弱性。

1.2.3 我国水资源风险的总体态势

从外界影响、系统自身“弹性”和风险效果三个方面来看，当前我国不同区域的水资源风险总体态势如下。

1.2.3.1 东北地区

东北地区包括黑龙江、吉林、辽宁和内蒙古的赤峰、通辽、呼伦贝尔，基本涵盖了松花江、辽河两个水资源一级区。

从水资源风险外界影响来看，气候变化对于该区域水资源情势有一定影响，其中2001—2016年近16年内蒙古西辽河流域水资源持续偏枯，水资源总量较1980—2000年减少19%，较1956—1979年减少17%。其中，地表水资源量较1980—2000年减少37%，较1956—1979年减少32%。人为影响主要表现在水资源开发利用程度较高，根据《全国水中长期供求规划》成果，松花江流域和辽河流域水资源开发利用率分别为43%和32%，均已超过全国平均水平（22%）。

从区域复合系统“弹性”情况来看，2015年，松花江流域和辽河流域万元国内生产总值用水量分别为173m^{3}和60m^3（全国平均水平为90m^3），万元工业增加值用水量分别为45.5m^{3}和21.7m^3（全国平均水平为58.3m^3），辽河流域用水水平较高；从供水结构来看，松花江流域和辽河流域地下水供水量占比分别达到42%和52%，其他水源供水比例较低。内蒙古、辽宁的应急备用水源地建设不足。该区域属于东北温带亚湿润区，降水较为充沛、植被覆盖率较高，分布有中国最大的沼泽湿地，从水生态脆弱性上看该区域自然本底情况好于全国其他区域。

从风险效果来看，该区域（尤其是辽河流域）不容乐观，呈现出水量、水质、水生态整体退化状况。2015年松花江流域和辽河流域Ⅰ～Ⅲ类水河长占比分别为69.8%和51.7%（全国74.2%），其中辽河流域劣Ⅴ类水河长占比高达24.0%。生态用水保障程度较低，根据《全国水中长期供求规划》成果，两个流域河道内生态环境用水挤占量为16.7亿m^3，地下水超采量为22.0亿m^3，分别占到全国的13.6%和13.8%。

总体来看，东北地区的松花江流域水资源风险总体处于可控状态，辽河流域水资源风险水平较高。导致该区域水资源风险的主要因素是过度的人为活动，尤其是过度的水资源开发利用，其风险效果呈现出以水量短缺为主的综合特征。

东北地区水资源及其开发利用基本情况见专栏1.1。

专栏1.1

东北地区水资源及其开发利用基本情况

1. 基本情况

东北地区包括黑龙江、吉林、辽宁和内蒙古的赤峰、通辽、呼伦贝尔，基本涵盖了松花江、辽河两个水资源一级区，发育了松花江、辽河两大水系，主要有黑龙江、松花江、辽河等大江大河，以及呼伦湖、兴凯湖、查干湖等湖泊湿地，是我国淡水沼泽的集中分布区，拥有大小兴安岭、长白山、呼伦贝尔、三江平原等重要生态功能区。该区也是我国重要的重工业基地和农业生产基地，战略地位突出。

2. 水资源及其开发利用情况

东北地区水资源的空间分布极不均匀。该区周边黑龙江、鸭绿江等跨界河流水资源丰富，腹部嫩江、松花江基本无开发潜力，辽河流域水资源开发利用程度超过70%，呈现出“北丰南欠、东多西少”“边缘多、腹地少”的特点。

3. 水生态情况

东北地区由于经济社会快速发展，区域内湖泊湿地围垦严重，沼泽湿地疏干垦殖，水生态空间挤占严重。地下水超采和生态用水被挤占，辽河河道径流量减少，部分河段出现断流，生态用水难以有效保障。农业灌溉大量抽取地下水，西辽河及辽河平原区出现较大范围的地下水漏斗。区域内水土流失问题突出，局部黑土层已消失。河湖水体自净能力弱，水污染问题不容忽视。

1.2.3.2 华北地区

华北地区包括北京、天津、河北、河南、山东、山西，涵盖海河流域全部和黄河、淮河流域部分地区。

从风险外界影响来看，气候变化对于该区域水资源情势影响较大。黄淮海流域1999—2016年系列多年平均地表水资源量较1956—1998年系列偏少10.4%，水资源总量偏少8.5%，其中黄河流域地表水资源量、水资源总量分别偏少13.1%、11.6%；海河流域地表水资源量、水资源总量分别偏少38.7%、24.5%，是全国各水资源一级区中受影响最为显著的区域。人为影响表现为水资源开发利用程度较高和水污染排放量大，根据《全国水中长期供求规划》，海河流域水资源开发利用率高达112%，已经突破水资源承载力上限，废污水排放量居高不下。

从区域复合系统“弹性”情况来看，2015年，海河流域和黄河流域万元国内生产总值用水量分别为43m^3和69m^3（全国平均水平为90m^3），万元工业增加值用水量分别为15.5m^3和25.6m^3（全国平均水平为58.3m^3），远高于全国平均水平，用水效率位居全国前列；从供水结构来看，海河流域地下水供水量占比近60%，并且跨流域调水量较多。该区域属于华北温带亚湿润区，降水年际、年内分布不均，受人类开发活动长期影响，生态系统健康状况欠佳，水生态脆弱性较强。

从风险效果来看，该区域问题较为严峻，2015年海河流域Ⅰ～Ⅲ类水河长占比为34.2%（全国为74.2%），劣Ⅴ类水河长占比高达45.8%。生态用水保障程度极低，基本是“有河皆干、有水皆污”的状况。

总体来看，华北地区水资源风险水平极高，虽然该地区用水效率已处于较高水平，但受气候变化和人类活动双重影响，加上水生态脆弱性较高，导致该区域水资源风险呈现出水量、水质、水生态相互交织，系统整体恶化的水资源风险状况。

华北地区水资源及其开发利用基本情况见专栏1.2。

专栏1.2

华北地区水资源及其开发利用基本情况

1. 基本情况

华北地区包括北京、天津、河北、河南、山东、山西，涵盖海河流域全部和黄河、淮河流域部分地区。黄河、海河、淮河等大江大河流经此区域，发育了白洋淀、衡水湖等湖泊。该区域是我国经济实力雄厚的地区之一。

2. 水资源及其开发利用情况

华北地区属暖温带半湿润大陆性气候，年降水量500～600mm，水资源禀赋较差；经济发达、人口稠密，人均水资源量不足350m^3；现状水资源已开发过度，超载区面积占比86%；华北地区分布有京津冀、山东半岛、中原经济区、太原城市群等多个经济区，未来城镇人口进一步集聚，城镇化水平快速提升。

3. 水生态情况

华北地区受高强度人类活动和气候变化影响，河川径流量明显减少，大部分平原河段常年断流，湖泊洼淀萎缩严重，生态用水保障程度低；地下水超采严重，河湖水体严重污染，现状超采地下水55亿m^3，挤占生态用水量75亿m^3，是全国地下水超采和挤占生态环境用水问题最为突出的区域，整体呈现“有河皆干、有水皆污、河道侵占、湖泊萎缩”状况。

1.2.3.3 华中地区

华中地区包括安徽、湖北、江西、湖南，涉及长江流域中下游和淮河流域部分。

从风险外界影响来看，气候变化和人为活动对该区域水资源情势影响相比其他区域有所减少。2010—2016年水资源开发利用程度长江流域为21%，淮河流域为63%。

从区域复合系统“弹性”情况来看，2015年，长江流域万元国内生产总值用水量分别为86m^3（全国平均水平为90m^3），万元工业增加值用水量为80.4m^3（全国平均水平为58.3m^3），位于全国中等水平；从供水结构来看，该区域主要以地表水供水为主，且有部分水资源通过跨流域调水输出。该区域属于华南东部亚热带湿润区，降水较为充足，自然条件较为优越，水生态脆弱性较低。

从风险效果来看，该区域总体状况较好，2015年长江流域Ⅰ～Ⅲ类水河长占比为78.8%（全国为74.2%），劣Ⅴ类水河长占比仅有7.6%。河流生态用水保障程度较好。但要看到，巢湖等部分湖泊水污染问题较为严重，长江中游湖泊湿地萎缩和数量减少态势明显，人类活动对于水生态空间侵占和河湖连通性影响较显著。

总体来看，华中地区水资源风险水平整体较低，但要关注跨流域调水和河湖关系演变带来的潜在水资源风险问题。

华中地区水资源及其开发利用基本情况见专栏1.3。

专栏1.3

华中地区水资源及其开发利用基本情况

1. 基本情况

华中地区包括安徽、湖北、江西、湖南，涉及长江流域中下游和淮河流域部分。区域河网密布，水系发达，长江、淮河等河流流经该区域，是我国淡水湖泊最多的区域，拥有全国五大淡水湖中的鄱阳湖、洞庭湖和巢湖；区域经济社会较发达，拥有重要先进制造业中心、现代农业发展核心区，涉及大别山、三峡库区、武夷山区等重要生态功能区。

2. 水资源及其开发利用情况

华中地区为亚热带季风气候区，多年平均年降水量800～1600mm，水资源总体较为丰沛，开发利用程度不足20%，水资源储备区国土面积占比为53%，洞庭湖、鄱阳湖及汉江流域水资源具有较大开发利用潜力，支流调控能力不足，部分地区缺水问题突出。

3. 水生态情况

华中地区在人类活动影响下，河湖关系变化较为显著，水力连通性减弱，河湖沼系统逐渐割裂化、碎片化；泥沙淤积、围垦造成沿江沿河的重要湖泊湿地萎缩，调蓄能力下降；河湖泥沙特征变化导致河势不稳；工业废水、生活污水、农田退水以及淡水养殖等导致地表水受到污染的威胁较高。

1.2.3.4 东南地区

东南地区包括上海、江苏、广东、浙江、福建、广西（不包括百色、河池、崇左三市），包括太湖流域、东南诸河流域和珠江流域部分地区。

从风险外界影响来看，气候变化对于该区域水资源情势有一定影响。根据相关研究，东南诸河流域、太湖流域、珠江流域水资源数量影响均呈现增加态势，2001—2016年系列多年平均水资源总量较1980—2000年系列分别增加4%、10%、1%左右，但年际变化率显著增大。人为影响表现为水污染排放，该区域经济社会发展水平较高，废污水排放量较大。

从区域复合系统“弹性”情况来看，2015年，太湖流域和东南诸河流域万元国内生产总值用水量分别为51m^3和57m^3（全国平均水平为90m^3），万元工业增加值用水量分别为83.7m^3和45.2m^3（全国平均水平为58.3m^3），用水效率水平较高。从供水结构来看，该区域主要供水来源为地表水；应急备用水源建设水平较高。该区域属于华南东部亚热带湿润区，降水较为充足，自然条件较为优越，水生态脆弱性较低。

从风险效果来看，该区域水污染较为严峻，2015年太湖流域Ⅰ～Ⅲ类水河长占比为18.8%（全国为74.2%），东南诸河流域水污染程度较低。

总体来看，东南地区水资源风险水平一般，需要重点关注以水污染为主要特征的水资源风险问题。

东南地区水资源及其开发利用基本情况见专栏1.4。

专栏 1.4

东南地区水资源及其开发利用基本情况

1. 基本情况

东南地区包括上海、江苏、广东、浙江、福建、广西（不包括百色、河池、崇左三市），包括太湖流域、东南诸河流域和珠江流域部分地区。作为我国经济最发达的地区，是我国对外开放的门户，拥有南岭、海南岛等重要生态功能区。

2. 水资源及其开发利用情况

东南地区属于热带和亚热带季风气候，雨量充沛。区域水网密布，长江、珠江、钱塘江、闽江等河流流经该区域，过境水资源丰富；我国第三大淡水湖太湖位于区域内。东南地区长三角、珠三角率先实现现代化，粤港澳大湾区、海峡西岸等经济区重点开发，人口和经济将进一步集聚。

3. 水生态情况

东南地区社会经济快速发展导致河湖与地下水环境问题日渐突出，黑臭水体比例高；城市建设等人类活动对水生态空间侵占现象较为突出；河网地区水动力条件不足进一步加剧了水污染、咸潮上溯问题的威胁性。

1.2.3.5 西南地区

西南地区包括四川、云南、西藏、贵州、重庆和广西的百色、河池、崇左，包括长江流域和珠江流域上游以及西南诸河流域。

从风险外界影响来看，气候变化对于该区域水资源情势影响较小，水资源开发利用率较低。根据《全国水中长期供求规划》成果，2010—2016年西南诸河流域水资源开发利用率仅有2%，未来开发利用潜力巨大。

从区域复合系统“弹性”情况来看，2015年，西南诸河流域万元国内生产总值用水量为200m^3（全国平均水平为90m^3），万元国内生产总值用水量和万元工业增加值用水量分别为91.7m^3和45.2m^3，用水效率水平较低；该区域缺乏大型骨干调蓄工程和区域水资源配置工程，工程性缺水问题突出，人均供水量不足300m^3，供水保障程度较低。该区域属于华南西部亚热带湿润区和西南高原气候区，除西藏之外，雨量充沛，生态系统稳定性较强，水生态脆弱性较低，但水土流失等问题较为突出。

从风险效果来看，该区域整体状况较好，2015年西南诸河流域Ⅰ～Ⅲ类水河长占比为97.4%（全国占比为74.2%），但要关注滇池等高原湖泊污染问题。

总体来看，西南地区水资源风险水平较低，且影响水资源风险的因素较少。一方面水资源开发利用程度不高；另一方面经济社会用水效率较低，因此该地区水资源风险呈现显著的人为因素导向特点。

西南地区水资源及其开发利用基本情况见专栏1.5。

专栏1.5

西南地区水资源及其开发利用基本情况

1. 基本情况

西南地区包括四川、云南、西藏、贵州、重庆和广西的百色、河池、崇左，包括长江流域和珠江流域上游以及西南诸河流域。该区域植被类型多样，是全国乃至世界上最重要的生物多样性保护区；区域内水系发达，是我国雅鲁藏布江、怒江、珠江等大江大河的源头区，发育了滇池、洱海、抚仙湖等高原湖泊；区域水资源、矿产资源、生物资源等各类自然资源丰富，但生态环境脆弱，是我国经济社会发展相对落后的地区。

2. 水资源及其开发利用情况

西南地区位于长江、珠江、怒江、澜沧江等江河的上游区，水资源丰富，水源战略储备区占比36%。经济相对欠发达，城镇化水平低，城镇化率不足40%；水资源开发利用程度很低，大部分河流不足10%，且缺乏大型骨干调蓄工程和区域水资源配置工程；随着成渝、滇中、黔中等重点经济区的快速发展，未来该区城镇化率达到60%以上。

3. 水生态情况

西南地区拥有桂黔滇、川滇等重要生态功能区，是我国石漠化集中分布的区域，水土流失问题突出；水电站开发程度较高，不合理的调度运行方式导致部分河段出现减流脱流现象，对水生物多样性带来威胁；部分区域生态环境较为脆弱，加上经济社会快速发展，导致水资源环境承载负荷增长显著，使得区域未来水生态状况恶化的风险性较高。

1.2.3.6 西北地区

西北地区包括内蒙古（不包括赤峰、通辽、呼伦贝尔三市）、甘肃、青海、宁夏、陕西、新疆，涉及黄河流域上游和西北诸河流域。

从风险外界影响来看，气候变化对于该区域水资源情势有一定影响。根据相关研究，西北诸河流域水资源数量影响呈现增加态势，2001—2016年系列多年平均水资源总量较1980—2000年系列增加9%左右。人为影响表现在水资源开发利用程度较高，根据《全国水中长期供求规划》，西北诸河流域水资源开发利用率高达45%，西北诸河中的疏勒河和石羊河流域水资源开发利用率均超100%，已产生严重的生态环境问题。

从区域复合系统“弹性”情况来看，2015年，西北诸河流域万元国内生产总值用水量为506m^3（全国平均水平为90m^3），万元工业增加值用水量为43m^3（全国平均水平为58.3m^3），受人口密度、经济结构、作物组成、节水水平、气候因素和水资源条件等多种因素的影响，新疆、宁夏、内蒙古人均综合用水量为600m^3；从供水结构来看，西北诸河流域部分地区地下水供水比例较高。该区域属于华北西部温带亚干旱区和西北温带干旱区，降水极少，水资源匮乏，水生态系统极为脆弱。

从风险效果来看，该区域水生态问题较为严峻，主要表现在河湖生态用水保障程度极低，黑河、石羊河、疏勒河、塔里木河等主要河流生态环境用水挤占突出。内陆河尾闾退化问题较为严重。

总体来看，西北地区水资源风险水平极高，受自然本底较为脆弱和人类活动双重影响，该区域水资源风险呈现出以水量严重短缺、水生态退化为主，多种问题相互交织的总体态势。

西北地区水资源及其开发利用基本情况见专栏1.6。

专栏1.6

西北地区水资源及其开发利用基本情况

1. 基本情况

西北地区包括内蒙古（不包括赤峰、通辽、呼伦贝尔三市）、甘肃、青海、宁夏、陕西、新疆，涉及黄河流域上游和西北诸河流域。根据水循环特征，该地区可以分为黄河流域、内流区和国际河流区，高山冰雪融水是区域内河流的主要补给水源，形成了塔里木河、黑河、石羊河等内流河，以及台特玛湖、博斯腾湖、居延海等区域特色尾闾湖泊。该区域是全国畜牧业基地、能源基地，拥有三江源、祁连山、塔里木河等关系国家生态安全的重要生态功能区。

2. 水资源及其开发利用情况

西北地区主要为温带大陆性气候，多年平均年降水量为200mm，水资源开发利用极不均衡，生态脆弱、经济欠发达，水资源短缺。石羊河、黑河、天山北麓诸河、吐哈盆地、塔里木河等水资源开发过度。该区分布有呼包鄂榆、关-天、兰-西等经济区，以及蒙陕甘宁能源“金三角”、新疆多个能源基地，是极具发展潜力的地区。

3. 水生态情况

西北地区气候干旱少雨，水资源禀赋条件较差，生态环境脆弱；区域内的能源基地和粮食主产区用水需求较高，地下水超采27亿m^3，挤占生态环境用水49亿m^3，部分区域水资源过度开发和地下水超采问题较为严重，内陆河流域主要河湖生态流量保障程度低，河道断流、湖泊湿地萎缩、绿洲退化较为严重；区域水土流失严重，其中黄土高原是我国水土流失最严重的地区之一，是黄河中粗砂的主要来源；部分区域水污染问题逐渐凸显。

1.3 我国水资源风险防控现状

1.3.1 水资源风险防控的基本认识

根据风险理论，风险管理包括风险分析、风险评价、风险决策、风险控制和处理等多项内容。风险防控属于风险管理的概念范畴，是风险管理的核心内容和最终目标。

从一般意义上来讲，风险防控是指风险管理者消灭或减少风险事件发生的各种可能性，或减少风险事件发生时造成的损失的一系列措施和行为的集合。风险防控的重要任务是要对风险进行识别、衡量和分析，并在此基础上有效地处置和规避风险，降低由风险带来的损失。风险防控的过程主要是通过对风险因素的分析、识别与评估，提出相关风险防控的体系、方法、策略和措施。风险管理、风险防控和风险事件三者关系如图1.8所示。

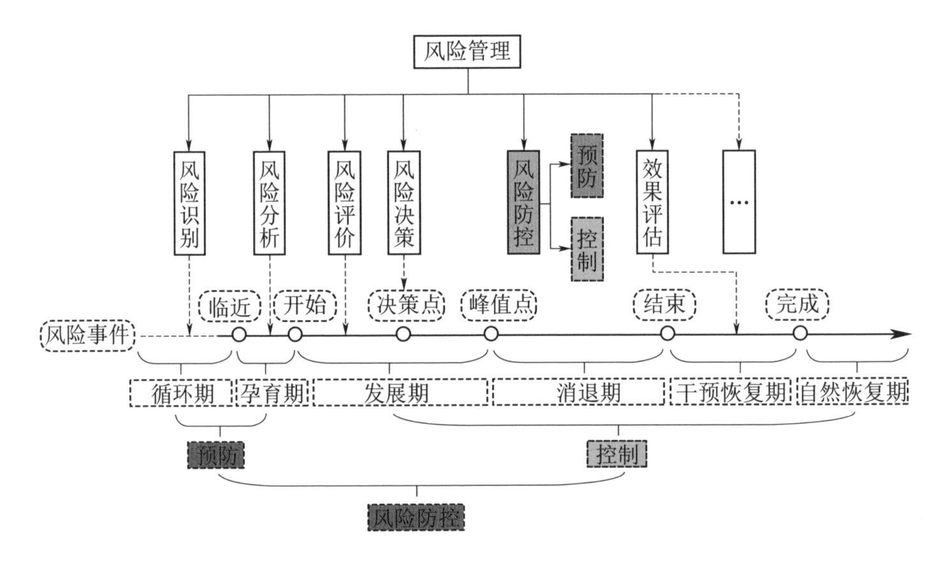

图1.8 风险管理、风险防控和风险事件三者关系示意图

从水资源风险领域来看，水资源风险防控是指通过经济、社会、管理、工程技术等多种措施，减少水资源系统的各类风险事件数量及其损失。与前述提到的三大风险要素——风险受体、风险来源和风险表征（风险效果）相对应，水资源风险防控的策略一般可以划分为风险规避、损失控制、转移风险和风险保留

四类。

（1）风险规避是指风险管理者主动采取的对主要风险源进行控制，以降低风险源强度或风险源影响路径的风险防控措施。采用风险规避，相当于从源头“斩断”了风险，属于“釜底抽薪”的措施，但这类措施也具有一定的局限性，一方面，风险源从风险角度来看是“不利的”，但从辩证的角度看，风险源在某些方面可能存在有“正收益”，以降低水资源风险而控制风险源可能导致其他方面“正收益”的减少；另一方面，风险规避对于已经发生的风险事件是不适用的。

（2）损失控制是指风险管理者有意识地采取行动，以防止或减少事故发生所造成的各种损失的风险防控措施。损失控制可以看作是对风险受体采取的措施：一方面，通过强化风险受体的“抗风险能力”，即“弹性”，来减少同样的风险源强度造成的风险效果，对于水资源风险而言，种植耐旱作物、调整产业结构等属于这类损失的预防措施；另一方面，可以通过调整风险源对风险受体的影响路径来减少风险，例如通过完善水利基础设施，加强水生态治理修复等，把自然条件下随机的、极端的风险源变化进行“平滑”或“减缓”，以减少风险。

（3）转移风险是将所面临的损失风险转移给其他主体以共同承担风险效果的风险防控措施。风险转移主要是针对风险效果而言，在风险事件发生后，通过一定的方式，扩大风险承受对象的范围，以风险共摊的方式，减少单个个体承载的不良后果。风险转移可以包括两类：非保险转移和保险转移。非保险转移是指风险管理单位将损失的法律责任转移给非保险业的另一个经济单位的管理技术；保险转移是保险人提供转移风险的工具给被保险人或者投保人。对于水资源风险而言，转移风险的途径主要有区域调水、水权交易和水资源短缺风险的投保。

（4）风险保留是指风险受体在经过正确分析和评估后，认为潜在损失在承受范围之内，因而自己承担全部或部分风险的风险控制措施。风险保留一般适用于应对发生概率小且损失程度低的风险。例如我国某些城市在已建立了一项应急备用水源后，仍然存在一定的残余水资源风险，但当经过分析再新建一个备用水源工程的成本过高或无技术可行性时，则应放弃该方案，将剩余风险保留，通过其他非工程措施降低未来可能发生的风险损失。

1.3.2 水资源风险防控现状

随着对水资源风险认识的不断深化，以及对水资源风险重视程度的不断提升，基于风险理论的水资源管理模式正在我国逐步形成和强化。近几十年，通过节水型社会建设和大规模水利基础设施建设，我国整体的水资源风险水平得到明显控制。但是，由于资源禀赋条件和经济社会扰动等不利因素，我国水资源风险水平仍然较高，一系列水资源风险灾害事件频发（见专栏1.7），严重威胁着区域社会经济发展和人民生产生活，我国水资源风险防控体系还远未形成，水资源风险防控能力较为薄弱，存在许多问题需要解决。

专栏1.7

近年来典型的水资源风险事件

（1）2005年松花江水污染事件。2005年11月13日，位于吉林省吉林市的中国石油吉林石化公司双苯厂一车间发生连续爆炸，苯类污染物流入该车间附近的第二松花江（即松花江的上游），造成水体污染。随着污染物逐渐向下游移动，这次污染事件的严重后果开始显现。黑龙江省省会、北方名城哈尔滨市，饮用水多年以来直接取自松花江，为避免污染的江水被市民饮用、造成重大的公共卫生问题，哈尔滨市政府决定自2005年11月23日起在全市停止供应自来水，这在该市的历史上从未发生过。松花江污染事件的严重后果，通过媒体的报道，在全国乃至国际上引起了高度关注。我国政府在事故发生后尽最大努力，通过水库放水稀释污染物、筑坝拦截污染物等措施将损害限制在本国管辖范围内，履行了国际环境法上的损害预防义务。这些措施使得这次污染事件没有造成太大的国际关系后果。

（2）2010年西南五省区大旱。2009年入秋至2010年4月初，西南五省区部分地区降水量比多年同期偏少50%以上。降水持续偏少导致江河来水严重偏枯，云南全省河道平均来水量较常年同期整体偏少42%，744条中小河流断流。2010年4月初旱情最严重时，西南五省耕地受旱面积达$6736\times10^3hm^2$，占全国同期的84%，有2088万人、1368万头大牲畜因旱饮水困难，分别占全国的80%和74%。其中，云南大部、贵州西部和南部、广西西北部达到特大干旱等级。云南因旱饮水困难人数高峰时达965万人，约占云南农村人口的27%。贵州省20多个县级以上城市、543个乡（镇）出现临时供水紧张局面。在严峻的大旱形势下，国家防汛抗旱总指挥部、水利部组织协调对云南、贵州、广西三省（自治区）对口帮扶和支援，有力地支持了灾区抗旱工作，减轻了干旱灾害损失。

（3）2015年甘肃省嘉陵江锑泄漏水污染事件。2015年11月23日晚，甘肃省陇南市西和县一企业发生锑泄漏，为该企业的崖湾山青尾矿库二号溢流井隔板破损出现漏砂。经勘查，约

$3000m^3$尾砂溢出，流入太石河及西汉水，造成嘉陵江及其一级支流西汉水200多千米河段锑浓度超标，污染区域跨甘肃、陕西、四川三省。事件发生后，国务院领导高度重视，要求生态环境部指导配合地方采取措施。甘肃省政府及时启动重大突发环境事件二级响应，包括切断污染源头，修复破损的尾矿库溢流井隔板；利用沿线的水电站和新修的拦水坝截留受污染水体，投放治污药剂，降低水体锑含量等。受灾最为严重的四川省广元市于12月3日启动应急供水管网建设，于12月6日前完成南河城区段取水至西湾水厂应急工程1号、2号线，实现每日应急供水达38000t以上，可满足城区居民日常用水。

（1）水资源风险源头控制能力不足，未形成有效规避风险的防控机制。采用主动的风险规避是最为彻底和明智的风险防控方式，能够从源头上降低水资源风险整体水平，并且减少了后续管理与防控能力建设需求。根据西方发达国家经验，自主规避风险必须要建立在成熟并且发达的水资源风险管理理念以及完备的风险规避机制基础上。当前，我国还未建立起完整高效的水资源风险源头控制体系，未形成从源头上控制水资源风险增长与积聚的应对策略。因此，如何跳出常规的水资源风险防控模式，针对水资源风险呈现出的持久性、随机性、动态性、复杂性及相关性的特征，探索出有效规避水资源风险的防控机制，从源头上降低我国水资源风险整体水平，是摆在我国水资源防控能力建设面前的重要课题。

（2）供水和生态安全保障的基础设施体系仍不完善，未能有效降低水资源风险的水平。经过几十年水利基础设施建设以及多年水环境水生态治理，我国供水和生态安全保障的基础设施得到了跨越式发展。水库数量由中华人民共和国成立初期的348座增加到9.8万多座，总库容由271亿m^3增加到9035亿m^3，建成5级以上江河堤防30多万km、水闸10万多座、泵站9.5万处、50亩及以上灌区206.57万处，农田有效灌溉面积达到9.8亿亩，全国水利工程供水能力达到8500多亿m^3。但是必须要看到，当前我国水利基础设施薄弱环节仍未得到根本改善，供水和生态安全保障能力与经济社会发展和生态文明建设的需求差距仍然较大。相比于供水设施，我国目前的水环境水生态保护设施投入和建设水平更为有限，迫切需要进一步加快有关基础设施建设，不断完善我国水利基础设施体系，以有效降低水资源风险水平。

（3）水资源风险监测与预警能力不足，缺乏对水资源风险的科学识别与有效预判。随着国家水资源监控能力建设项目（一期）的完成，我国已初步建成了取用水、水功能区、大江大河省界断面等三大监控体系，水利部、流域和省三级水资源监控管理信息平台实现了对全国75%以上的河道外颁证取水许可水量的在线监测，以及80%以上的国家重要江河湖泊水功能区（共计4493个）的水质常规监测；已核准公布的142个全国重要地表水饮用水水源地基本实现水质在线监测；实现了对大江大河的368处省界断面水质监测全覆盖，水量监测覆盖率大幅提高；完成了国家、流域、省级水资源监控管理信息平台建设。该项目的完成大幅提升了我国水资源整体监测能力，但是仍未完全改变水资源风险监测与预警能力不足的情况，特别是在地下水监测、水环境水生态监测能力等方面，还需要进一步巩固和加强。另外，在各类监控能力提升的同时，基于监测数据的水资源风险科学识别与有效预判，还需要在数据挖掘、风险识别与评估、预警方法与指标等方面开展大量的基础研究工作，才能更为全面、有效地提升我国水资源风险监测与预警能力。

（4）水资源风险应急处置能力不足，未对可预见的极端风险事件建立可靠的处置预案。提升风险应急处置能力是开展水资源风险防控能力建设的重要内容。当前，我国各地区缺水现象严重、水环境污染加剧、水生态遭受破坏、极端水旱灾害事件增多，迫切需要通过提升应急能力来降低水资源风险灾害损失。经过多年实践，我国已经对水资源风险应急事件处理积累了一定的经验，许多地区也结合自身水资源风险特点，制定了一些有效的应急预案。但是许多地区由于重视程度不够或缺乏风险意识，未开展必要的水资源应急能力建设工作，存在一定的侥幸心理和漠视态度，增加了水资源风险程度。根据《全国水资源保护规划》关于全国县级及以上城市的4748个集中式饮用水水源地现状的调查结果，目前全国仅有各类型应急备用水源地1158个，占比不到24.4%，且应急备用水源地的现状水质达标率仅为88.1%，严重制约了我国在应对干旱、水污染等方面能力的提升。这些缺少备用水源的城市一旦发生重大水污染和重大干旱事件，在应急处置中必将面临无水可用的巨大挑战。因此，必须要加大我国城市应急备用水源建设，有效提升我国水资源风险应急处置能力。同时，我国各地区针对水资源风险事件的应急装备研发与专业队伍建设存在水平不一、标准不同的情况，也影响了水资源风险应急处置能力。此外，水资源风险防控一般牵涉到多个部门和上下级关系，提高水资源风险应急处置能力也必须要加强各部门的协调、统一，做到科学、合理、严密、实用，这些都是当前应急管理与处置中所缺乏的。

（5）水资源风险意识较为薄弱，未形成全社会群防群控的水资源风险应对机制。由于我国南北地区气候及水资源特点迥异，水资源时空分布极为不均，不同地区人民对水资源风险的直观感受有着显著的差异。随着社会经济发展和人民生活水平提高，对水资源量和质的需求也在不断提高，水污染加重以及水生态破坏已经不断加大传统丰水区域的水资源风险程度。全国从上到下，除个别用水紧张的地区外，缺乏对水资源风险和节水重要性的认识：人们普遍将天然水作为一种没有价值的物资使用；农业灌溉用水大量无效蒸发、渗漏的状况长期得不到改善；农药、化肥的使用导致水源的污染破坏；城市企业的用水在成本核算中不占分量或所占分量偏小，单位产品的耗水量高。同时，不少人对我国水资源极端事件的形成原因缺乏科学认识，出现一些认识上的误区，无法科学地认识各种事件发生原因及演变规律，缺乏自我应对突发水资源风险事件的能力。从社会共同参与洪水风险防控来讲，仍未形成水资源损害补偿的社会化分担和补偿机制，缺乏跨区域、跨行业的社会化应对水资源风险的能力建设，未建立起完善的信息沟通与通报、利益相关体的联防联控机制，这与水资源风险的广泛性、渗透性、复杂性等特点是不相适应的。向全社会普及和宣传水资源安全知识，引导社会科学认识我国水资源现状，增强全社会水资源风险防控自觉意识，推动建立科学、高效的社会分担机制以及利益相关体的联防联控机制，形成广泛和深厚的水资源风险社会承受能力是全社会共同的责任，更是每一位参与水管理过程的人义不容辞的职责。

（6）水资源风险管理制度和科技水平有待提升，用制度和科技应对水资源风险的能力不高。当前，我国水资源风险管理仍然停留在传统水资源管理阶段，管理手段较为单一，以解决常规用水需求和水环境水生态问题为主要任务，措施也主要停留在工程建设以及调度管理等方面，基于市场化的水资源短缺风险分散机制和水资源短缺保险等也只停留在理论研究或起步阶段，缺乏丰富的实践基础，距离真正的市场化还有很长的路要走。例如，当前我国水价仍然偏低，缺乏灵活的经济手段来调整水价，在遏制用水增长和提高节水效率等方面的威慑力有限；我国水权分配和水权交易制度也才刚刚起步，法律法规与管理制度仍不健全，许多实际的运行模式还需要进一步的研究和实践。同时，水资源风险问题的复杂性、动态性等特点决定了必须要用现代科技武装管控，然而，有关水资源风险管控的各种关键技术的研究目前仍较为滞后，应用范围有限，很多水资源风险识别、评价、管理的方法还停留在早期水平。必须要加强水资源风险应对的制度建设，提升水资源风险应对的科技水平，用制度来应对风险，用科技来管控风险。

1.4 我国水资源风险防控面临的形势

水资源是人类赖以生存、经济社会发展不可缺少和不可替代的自然资源，也是维持生态系统良性发展的重要基础。当前和今后一个时期，我国发展仍然处于重要战略机遇期，是推动“两个一百年”奋斗目标有效衔接、在新征程上开好局起好步的重要阶段。保障国家水安全、全面推进生态文明建设、推动国家治理体系和治理能力现代化、落实区域重大战略，以及积极应对气候变化等国家重大战略决策对我国水资源管理提出了更高的要求，我国水资源风险防控也将面临许多新情况、新问题和新挑战。

1.4.1 保障国家水安全提出的新任务

近年来，随着经济社会的高速发展，以及工业化、城镇化进程快速推进和全球气候变化影响加剧，我国水安全呈现出新老问题交织的严峻形势。我国北方地区以占全国19%的水资源量，支撑64%的国土面积、60%的耕地、46%的人口和45%的经济总量，海河、黄河、西北内陆河等流域缺水严重。全国673座建制市还有30%左右城市缺少应急备用水源，约10%的地级及以上城市集中式饮用水水源地全年水质不达标。北方部分河湖断流干涸，河湖生态流量（水量）保障不足。全国平原区地下水超采区面积达30万km^2，年均地下水超采量约为160亿m^3。我国水资源短缺以及水环境、水生态破坏等问题越发凸显，已经成为制约经济社会发展的突出瓶颈。

党的十八大以来，以习近平同志为核心的党中央从全面建成小康社会、实现中华民族永续发展的战略高度，提出了总体国家安全观战略（见专栏1.8），并对保障国家水安全作出一系列重大决策部署，明确提出“节水优先、空间均衡、系统治理、两手发力”的治水思路，强调保障水安全是涉及国家长治久安的大事，是协调推进“四个全面”战略布局的重要任务。国民经济和社会发展“十三五”规划纲要中明确提出，要“加快完善水利基础设施网络，推进水资源科学开发、合理调配、节约使用、高效利用，全面提升水安全保障能力”。国民经济和社会发展“十四五”规划纲要中强调，要“提升水资源优化配置和水旱灾害防御能力”，对持续增强国家水安全保障能力提出了新的更高要求。因此，积极顺应自然规律、经济规律和社会发展规律，着力构建与全面建成小康社会相适应的水安全保障体系具有重要的全局性战略意义。

专栏1.8

关于总体国家安全观战略

总体国家安全观是在国际安全形势复杂多变、国内安全挑战层出不穷的背景下提出的。当前世界处于百年未有之大变局，国际格局与体系正在发生深刻调整，导致国际安全形势的不稳定性、不确定性日益突出。在国际安全形势复杂多变的同时，国内安全挑战日益加剧，近年来我国经济社会变化显著，随着中国特色社会主义发展进程进入攻坚期和深水区，社会矛盾多发叠加，对保障国家安全提出了更大挑战。面对复杂的国际、国内安全形势，2014年4月15日，以习近平同志为核心的党中央在中央国家安全委员会第一次全体会议上首次提出总体国家安全观重大战略思想。

为应对复杂的国际、国内安全形势，我国建立了涵盖多种安全的总体国家安全观，总体国家安全观发展至今，已经包含了政治安全、国土安全、军事安全、经济安全、文化安全、社会安全、科技安全、网络安全、生态安全、资源安全、核安全、海外利益安全、生物安全、太空安全、极地安全、深海安全16种安全。这16种安全的内涵可以总体概括为“五大要素”和“五对关系”。其中，“五大要素”指的是：以人民安全为宗旨，以政治安全为根本，以经济安全为基础，以军事安全、文化安全、社会安全为保障，以促进国际安全为依托。“五对关系”分别为：既重视外部安全又重视内部安全，既重视国土安全又重视国民安全，既重视传统安全又重视非传统安全，既重视发展问题又重视安全问题，既重视自身安全又重视共同安全。“五大要素”和

“五对关系”以最简明的语言揭示出中国国家安全的主要内容，从辩证法角度系统阐述了国家安全的发展方向。

总体国家安全观的提出对提升国家安全的理论认知和指导国家安全的工作实践具有重要的战略意义。在理论层面，总体国家安全观以统揽全局的战略思维和宽广的世界眼光深刻把握国家安全问题，深入阐述了一系列具有原创性、时代性的新安全理念，实现了对传统国家安全理念的重大突破，深化和拓展了我们党关于国家安全问题的理论视野和认知水平。在实践方面，总体国家安全观从宏观上明确了中国特色国家安全道路的基本价值取向，构建了多领域、多层次、多类型的国家安全整体布局，为维护国家安全、社会稳定、民族团结，最终实现中华民族伟大复兴提供了现实途径和行动指南。可见，总体国家安全观对在新形势下维护和塑造中国特色国家安全具有深远的理论价值和鲜明的实践特征。因此，我国要深入贯彻落实总体国家安全观，坚决维护国家安全，实现社会发展和长治久安。

水资源安全是国家水安全的重要内容。水资源安全的实质是水资源供给在量和质上是否能够满足合理的水资源需求，水资源安全与水资源风险是一个问题的两个方面。要保障水资源安全就是要尽可能地减小水资源风险水平。提升水资源风险防控能力，让水资源风险程度控制在社会经济发展所能承受的范围内，则是保障水安全的核心内容和重要手段，是实现我国水安全必不可少的途径。

保障水安全对我国水资源风险防控提出了新任务，同时也为我国水资源风险防控能力建设指明了方向（见专栏 1.9）。提升我国水资源风险防控能力的目的就是提升我国水安全保障水平。要从国家水安全战略高度，认识水资源风险防控能力建设的重要意义，必须明确水资源风险防控体系建设是为国家水安全战略服务的，是国家水安全战略的有机组成部分。同时，应按照国家水安全建设的统一部署和要求，有目的、有针对性地安排我国水资源风险防控体系建设各项任务内容。

专栏1.9

关于水安全的相关进展

水安全是国家安全的重要组成部分，关系到资源安全、生态安全、经济安全和社会安全。党的十八大以来，党中央高度重视水安全工作，把水安全上升为国家战略，作出一系列重大决策部署。2014年3月14日，习近平总书记站在战略和全局的高度，提出了“节水优先、空间均衡、系统治理、两手发力”的治水思路，为系统解决我国新老水问题、保障国家水安全提供了根本遵循和行动指南。目前，我国水安全领域仍面临水资源短缺、水生态损害、水环境污染、水灾害严重等突出问题，迫切需要转变治水思路、补齐发展短板、强化监督管理、提升能力水平，水安全的战略地位日益凸显。

党的十八大以来，以习近平同志为核心的党中央对保障水安全作出一系列重大决策部署，书写了中华民族治水安邦、兴水利民的新篇章，国家水安全保障能力显著提升，为经济社会持续健康发展提供了有力支撑和保障。

(1) 防洪减灾体系不断完善。全国共建成5级及以上堤防32万km，建成各类水库9.8万多座，其中大中型水库防洪库容1681亿m^3，开辟国家蓄滞洪区98处，容积1067亿m^3，大江大河基本形成以堤防、控制性枢纽、蓄滞洪区为骨干的防洪工程体系，基本具备防御中华人民共和国成立以来的最大洪水的能力，有力保障了人民群众生命财产安全和经济社会的稳定运行。

(2) 经济社会用水保障水平不断提升。对京津冀等人口经济与水资源承载力严重失衡的区域，在大力推进节约用水、提高水资源利用效率的基础上推动更大范围的水资源调配，南水北调东中线一期工程建成通水，累计供水超过400亿m^3，缓解了重点地区水资源供需矛盾。全国水资源配置和城乡供水体系逐步完善，重要城市群和经济区多水源供水格局加快形成，城镇供水得到有力保障，农村自来水普及率提高到83%，正常年情况下可基本保障城乡供水安全。

(3) 水生态环境质量持续改善。坚持封育保护与综合治理相结合，水土流失严重状况得到全面遏制，水土流失面积实现了由增到减的历史性转变。坚持地下水压采与增加补给相结合，华北等地区地下水超采状况明显缓解。认真落实水污染防治行动计划，实施饮用水水源地安全达标建设，水环境质量总体改善，全国监测河长中Ⅰ类水河长占比明显提高，地表水达到或好于Ⅲ类水体的占比超过70%。

(4) 水安全风险防控能力不断提升。加强对水利工程安全管理和隐患排查，建立健全事故隐患排查治理制度，防范水安全风险。水旱灾害防御、水文水资源、水生态水环境、水土保持、地下水等监测网络体系逐步完善。健全以行政首长负责制为核心的防汛抗旱责任体系，完善应急预案体系，加强水工程联合调度运用，防汛抗旱抢险救灾能力持续提高。加强应急备用水源建设，提高城乡供水风险应对能力。积极推进“一带一路”水利国际交流合作，稳妥务实开展跨界水合作，切实维护国家水资源权益。

1.4.2 生态文明建设提出的新任务

我国水生态环境禀赋较差，生态环境脆弱区占国土面积的60%以上，水生态脆弱区占比大。根据第一次全国水利普查，全国水土流失面积（水蚀、风蚀）为295万km^2，占国土面积的31%。根据第五次全国荒漠化和沙化土地监测成果，截至2014年，全国荒漠化土地面积为261.16万km^2，沙化土地面积为172.12万km^2，分别占国土面积的27.2%和17.9%。根据第三次全国水资源调查评价成果，1980年以来，全国共有169条河流出现不同程度的断流。其中，72%的断流河流分布在北方地区，断流河段长度占全国断流河段总长度的93%。自20世纪50年代以来，全国面积大于10km^2的湖泊中，有230余个存在不同程度萎缩，总萎缩面积约为1.4万km^2，约占现有湖泊面积的18%；天然陆域湿地面积减少了28%，其中围垦造成的面积减少约占81%。2019年全国平原区有近400个县级行政区存在地下水超采，地下水开采量超过其可开采量近160亿m^3，其中浅层地下水超采量近120亿m^3，深层承压水开采量近40亿m^3。东北、西北、华北均存在较大的浅层地下水超采量，其超采量分别占全国的44%、28%和27%。

党的十八大报告指出，中国特色社会主义总体布局是经济建设、政治建设、文化建设、社会建设、生态文明建设"五位一体"。将生态文明建设纳入"五位一体"建设总布局，提出要从源头扭转生态环境恶化趋势，为人民创造良好生产生活环境。国家"十四五"规划纲要中对推进生态文明建设提出了明确要求，要"坚持绿水青山就是金山银山理念，坚持尊重自然、顺应自然、保护自然，坚持节约优先、保护优先、自然恢复为主，实施可持续发展战略，完善生态文明领域统筹协调机制，构建生态文明体系，推动经济社会发展全面绿色转型，建设美丽中国”。水资源是生态系统的控制要素，水生态文明建设是生态文明建设的重要内容。推进生态文明建设，必然要求在水资源开发利用的同时更加注重水生态环境保护，不仅要从水资源量上进行控制，还要从质上开展水资源风险防控。因此，推进生态文明建设进一步丰富和提升了水资源风险防控的内涵，对水资源风险防控提出了更高的要求。提升我国水资源风险防控能力是生态文明建设的重要基础，对于提升我国生态文明建设的速度与质量具有重要促进作用。有关生态文明建设进展的更多介绍，参见专栏 1.10。

专栏 1.10

生态文明建设的有关进展

党中央、国务院高度重视生态文明建设，先后出台了一系列重大决策部署，推动生态文明建设取得了重大进展和积极成效。2012 年 11 月，党的十八大从新的历史起点出发，做出“大力推进生态文明建设”的战略决策，从十个方面绘出生态文明建设的宏伟蓝图。党的十八大以来，以习近平同志为核心的党中央站在战略和全局的高度，对生态文明建设和生态环境保护提出一系列新思想、新论断、新要求，为努力建设美丽中国、实现中华民族永续发展、走向社会主义生态文明新时代指明了前进方向和实现路径。

水在生态文明建设和人类文明发展中有着重要的地位。2013 年，在中央推进生态文明建设的总体部署下，水利部提出了“水生态文明建设”，成立了水利部水生态文明建设领导小组，印发了《水利部关于加快推进水生态文明建设工作的意见》（水资源〔2013〕1号），提出了把生态文明理念融入水资源开发、利用、治理、配置、节约、保护的各方面和水利规划、建设、管理的各环节，明确了水生态文明建设的意义、指导思想、原则、目标和主要任务。该意见成为水利部门全面落实国家生态文明建设总体部署，加快推进水生态文明建设的纲领。在该意见的指导下，水利部开展了一系列工作，2013年和2014年在全国分别启动了两批水生态文明建设试点城市工作，共有105个城市结合自身特点，围绕推进水生态文明建设积极开展探索，为全面系统地推进水生态文明建设提供了翔实的实践经验。通过试点带动，水生态文明建设不断向深入推进，在2015年10月水利部组织开展的部分试点城市调研工作中发现，在水生态文明城市试点工作的带动下，试点城市围绕水生态环境保护、治理和修复开展了一系列工作，较好地解决了一批城市的水问题，取得了明显的阶段性成果，初步构建了系统完整、空间均衡的城市水生态格局，人居环境明显改善。为解决华北地区地下水超采问题，2018年以来，水利部积极协调京津冀三省（直辖市）深入推进华北地区河湖生态补水工作。2019年以来，水利部先后开展第一批和第二批总计88个重要河湖生态流量确定与保障方案的制定工作。2020年4月，水利部印发了《关于做好河湖生态流量确定和保障工作的指导意见》（水资管〔2020〕67号），对加强全国河湖生态流量保障工作作出安排部署。

1.4.3 推动国家治理体系和治理能力现代化提出的新要求

党的十八大站在历史和全局的战略高度，从经济、政治、文化、社会、生态文明五个方面，制定了新时代统筹推进“五位一体”总体布局的战略目标。党的十八届三中全会提出“国家治理体系和治理能力现代化”这一概念，强调“全面深化改革的总目标，就是完善和发展中国特色社会主义制度、推进国家治理体系和治理能力现代化”（见专栏 1.11）。在此基础上，党的十九大提出，到 21 世纪中叶，我国物质文明、政治文明、精神文明、社会文明、生态文明将全面提升，实现国家治理体系和治理能力现代化，成为综合国力和国际影响力领先的国家。国家治理体系和治理能力现代化是社会主义现代化的重要基础，国家治理效能得到新提升是社会主义现代化建设的重要目标。

专栏 1.11

关于国家治理体系和治理能力现代化

国家治理体系和治理能力现代化是党中央在改革开放取得巨大成就的历史背景下，针对国家治理的未来发展要求提出的。改革开放以来，我国国民经济飞速发展，基本实现了工业现代化、农业现代化、国防现代化、科学技术现代化的奋斗目标。在改革开放已经取得了辉煌成就的背景下，针对未来国家发展要求，党的十八届三中全会明确提出了“第五个现代化”，即国家治理体系和治理能力的现代化，并将其作为未来中国全面深化改革的两大总目标之一。党的十九届四中全会又将推进国家治理体系和治理能力现代化作为主要议程。国家治理体系和治理能力现代化这一要求的提出，是在国家发展的历史背景下提出的新任务，也是在新的时代起点上为寻求未来发展而树立的新目标。

国家治理体系和治理能力现代化指的是使国家的治理体系和

治理能力适应现代社会发展的要求。深刻理解国家治理体系和国家治理能力两个基本概念是理解国家治理体系和治理能力现代化的前提条件。国家治理体系是指在党领导下管理国家的制度体系，包括经济文明、政治文明、文化文明、社会文明、生态文明和党的建设等各领域的体制机制、法律法规安排，是一整套紧密相连、相互协调的国家制度。而国家治理能力是指运用国家制度和体制机制管理经济社会事务的能力，包括改革发展稳定、内政外交国防、治党治国治军等各个方面。两者是各有侧重但相辅相成的有机整体，有了良好的国家治理体系才能真正提高国家治理能力，提高国家治理能力才能充分发挥国家治理体系的效能。在深刻理解国家治理体系和治理能力概念内涵和逻辑关系的基础上，党中央提出了国家治理体系和治理能力现代化新要求，要求建立符合时代潮流的国家治理基本制度，符合现代理念的国家治理组织架构，建立健全制度化、科学化、规范化、程序化的国家治理体系，形成管理有序、响应迅速、运行高效的国家治理能力。

国家治理体系和治理能力现代化的提出对提升国家治理的理论认知和指导未来国家治理的工作实践具有重要的战略意义。在理论层面，党中央创造性地提出推进国家治理体系和治理能力现代化这一重大理论，开拓了我们党治国理政的新视角，丰富了对社会主义建设规律、对现代化发展规律的新理念、新认识。在实践方面，国家治理体系和治理能力现代化作为未来中国全面深化改革的制度目标，是实现社会主义民主政治、化解治理矛盾、实现社会经济和谐发展的重要手段，为国家治理提供一整套系统完备、科学规范、运行有效的制度体系，为完善中国特色社会主义制度、推进社会主义现代化指明了发展方向。因此，我国要坚定推进国家治理体系和治理能力现代化，不断提升国家治理的理论认知和实践经验，提升国家治理效能，最终实现社会主义现代化和中华民族伟大复兴。

水治理体系和治理能力现代化是国家治理体系和治理能力现代化的重要组成部分，既是水利改革发展的必然要求，也是支撑国家治理效能提升的必要条件。受多重因素影响，长期以来，水利行业在水资源节约保护、江河湖泊管理、水利建设和运行管理等领域的监管失之于宽、松、软，积聚了一大批矛盾和问题，涉水监测预警体系不健全，重要领域和关键环节还存在制度空白，重大水污染风险和超标准洪水应对能力有待于提高。推进国家治理体系和治理能力现代化，必须坚持底线思维，增强风险防控意识，以调整人的行为、纠正人的错误行为主线，破除制约水利高质量发展的体制机制障碍，不断强化有利于提高水资源配置效率、水资源节约水平、水生态环境状况改善的重大水利改革举措，构建系统完备、科学规范、运行有效的水资源风险防控体系，推进水治理体系和治理能力现代化。

1.4.4 落实区域重大战略的新要求

当前，我国社会的主要矛盾已经转变为人民日益增长的美好生活需要和不平衡不充分的发展之间的矛盾。新时代人民群众的需要已经从“落后的社会生产”发展到“不平衡不充分的发展”。我国的不平衡发展体现在多个领域，区域发展不平衡不协调是其中的重要方面。

党的十八大以来，以习近平同志为核心的党中央着眼全国“一盘棋”，确立了京津冀协同发展、长江经济带发展、粤港澳大湾区发展、长三角一体化发展、黄河流域生态保护和高质量发展等区域重大战略（见专栏1.12）。这是着眼于全国区域发展面临的重大现实问题、着眼于推动全国区域高质量协调发展作出的全局性、系统性、战略性谋划，为构建新发展格局提供了空间组织基础，创造了有利的发展条件。随着我国实施区域重大战略的不断深入，必然要求从提高水资源供给质量出发，不断扩大区域水资源有效供给，提高水资源供给结构对需求变化的适应性和灵活性，有效降低水资源供给风险水平。我国水资源时空分布不均、水土资源不相匹配等问题十分突出，给我国区域协调发展提出了更大挑战，也给水资源风险防控提出了新的要求。

专栏1.12

关于区域重大战略

党的十八大以来，以习近平同志为核心的党中央着眼全国“一盘棋”，启动实施区域重大战略，攻克了许多区域发展中长期存在的突出难题，区域协调发展向更高层次和水平迈进。2015年，《京津冀协同发展规划纲要》正式印发；2016年，《长江经济带发展规划纲要》正式印发；2019年，《粤港澳大湾区发展规划纲要》《长江三角洲区域一体化发展规划纲要》陆续印发；2020年，《黄河流域生态保护和高质量发展规划纲要》正式印发。目前已形成了以京津冀协同发展、长江经济带发展、粤港澳大湾区发展、长三角区域一体化发展、黄河流域生态保护和高质量发展等区域重大战略为引领的区域发展模式。

（1）京津冀协同发展。京津冀协同发展的核心是将北京、天津、河北三地作为一个整体协同发展，发挥北京的辐射带动作用，推动河北雄安新区和北京城市副中心建设，打造现代化新型首都圈，形成京津冀目标同向、措施一体、优势互补、互利共赢的协同发展新格局。京津冀协同发展以疏解北京非首都核心功能为出发点，探索超大城市、特大城市等人口经济密集地区有序疏解功能以及有效治理“大城市病”的优化开发模式。京津冀协同发展坚持区域一体、协同发展的原则，通过调整区域经济结构和空间结构，构建现代化交通网络系统，扩大环境容量生态空间，推进产业升级转移，推动公共服务共建共享，加快市场一体化进程，打造以首都为核心、京津冀一体化的世界级城市群。

（2）长江经济带发展。长江经济带横跨我国东中西三大区域，覆盖上海、江苏、浙江、安徽、江西、湖北、湖南、重庆、四川、云南、贵州11个省（直辖市），面积为205.23万km^2，占国土面积的21.4%，人口和生产总值均超过全国的40%。长江经济带发展提出了“一轴、两翼、三极、多点”的发展格局，以长江黄金水道为依托，建设南北两侧沪瑞和沪蓉两大运输通道，打造长江三角洲城市群、长江中游城市群和成渝城市群三大增长极，发挥三大城市群以外多个地级城市的支撑作用，形成区域联动、结构合理、集约高效、绿色低碳的新型城镇化格局，将长江经济带建设成为具有全球影响力的内河经济带、东中西互动合作的协调发展带、沿海沿江沿边全面推进的对内对外开放带和生态文明建设的先行示范带。

（3）粤港澳大湾区发展。粤港澳大湾区包括香港特别行政区、澳门特别行政区和广东省广州市、深圳市、珠海市、佛山市、惠州市、东莞市、中山市、江门市、肇庆市，总面积5.6万km^2，是我国开放程度最高、经济活力最强的区域之一，在国家发展大局中具有重要战略地位。粤港澳大湾区发展以香港、澳门、广州、深圳四大中心城市作为区域发展的核心引擎，通过推进金融市场互联互通，共建粤港澳大湾区大数据中心和国际化创新平台等创新手段，不断深化粤港澳互利合作，进一步建立互利共赢的区域合作关系，推动区域经济协同发展。粤港澳大湾区发展为港澳发展注入新动能，为全国推进供给侧结构性改革、实施创新驱动发展战略、构建开放型经济新体制提供支撑，建设富有活力和国际竞争力的一流湾区和世界级城市群，打造高质量发展的典范。

（4）长江三角洲区域一体化发展。长江三角洲包括上海市、江苏省、浙江省、安徽省全域，面积35.8万km^2，人口约占全国的17%，地区生产总值约占全国的1/4。长江三角洲地区是我国经济发展水平最高、综合实力最强的区域，在国家现代化建设大局和全方位开放格局中具有举足轻重的重要作用。长江三角洲区域一体化发展发挥上海龙头带动作用，苏浙皖各扬所长，加强跨区域协调互动，提升都市圈一体化水平，推动城乡融合发展，构建区域联动协作、城乡融合发展、优势充分发挥的协调发展新格局，进一步提升长江三角洲地区整体实力和国际竞争力。推动长江三角洲区域一体化发展，增强长江三角洲地区创新能力和竞争能力，提高经济集聚度、区域连接性和政策协同效率，对引领全国高质量发展、建设现代化经济体系具有重大意义。

（5）黄河流域生态保护和高质量发展。黄河流经青海、四川、甘肃、宁夏、内蒙古、陕西、山西、河南、山东9个省（自治区），流域面积接近80万km^2，总人口约占全国的30%，地区生产总值约占全国的1/4。黄河流域是我国重要的生态屏障和重要的经济地带，同时也是打赢脱贫攻坚战的重要区域。黄河流域生态保护和高质量发展要尊重规律，注重保护和治理的系统性、整体性、协同性，抓紧开展顶层设计，加强重大问题研究，着力创新体制机制，坚持生态优先、绿色发展，以水而定、量水而行，因地制宜、分类施策，上下游、干支流、左右岸统筹谋划，共同抓好大保护，协同推进大治理，着力加强生态保护治理、保障黄河长治久安、促进全流域高质量发展、改善人民群众生活、保护传承弘扬黄河文化，让黄河成为造福人民的幸福河。

水资源是支撑区域重大战略的基础性自然资源，也是加快转变经济发展方式，推动高质量发展的约束性、先导性、控制性要素。“以水定城、以水定地、以水定人、以水定产”表明我国将更加突出水资源的刚性约束，以合理的水资源开发利用方式来推动我国经济社会发展方式的战略转型，重塑我国人水和谐平衡关系。因此，落实区域发展战略必然要求更加严格的水资源风险防控水平，能够更加有效地提升水资源在支撑重大区域发展中的核心作用，减少水资源风险带来的不利影响和不稳定因素。同时，落实区域重大战略也将进一步激发我国水资源风险防控能力建设的内在动力。经济社会发展会增加水资源负荷，使得区域水资源风险不断积聚，增加水资源系统的不确定性和复杂性。保障区域重大战略实施，必须降低无序发展对水资源系统的巨大冲击，从根源上减小我国整体水资源风险水平，形成更为科学有效的水资源风险防控体系。另外，经济社会发展将更加有利于提高适应风险和减少自身脆弱性的能力，用强大的经济基础来支撑我国水资源风险防控能力建设。

1.4.5 气候变化带来的新挑战

近年来，随着全球气候变化和人类活动的加剧，流域下垫面状况和水循环系统都不同程度地发生了变化，降水年际年内变化增大，水资源时空分布不均问题更加明显，部分流域尤其是北方缺水地区降水和水资源的转换规律发生变化，相同降水条件下产水量呈减少趋势。同时，气温升高还会增加我国工业用水和生活用水量，显著增加农田灌溉和生态用水量，加剧区域水资源供需矛盾。气温升高对蓝藻水华的发生也具有促进作用，并与湖泊水体富营养化叠加，进一步增加水污染事件发生的风险。另外，我国部分地区在气候变化条件下生态环境破坏的风险也不断增加，如我国西北部冰川融化，内陆河流萎缩、湿地减少，土地沙漠化等趋势加重。据研究，在过去50年间，我国西部82.2%的冰川处于退缩状态，冰川面积减少了4.5%，尤其是自20世纪90年代以来，西北干旱区冰川处在加速退缩和强烈消融过程中；与此同时，在气候变化背景下，我国新疆地区小于$2km^2$的冰川的产流量在未来20～30年会急剧减少，未来这些占天山冰川总数80%以上的小冰川将面临消融殆尽的巨大风险。总之，气候变化将成为未来影响我国水资源安全的重要不确定性因素，将给我国水资源风险防控增加难以预测的风险和难度，对我国风险防控能力建设提出了新要求和新挑战。

全面提升我国适应气候变化能力是我国重要的战略任务之一，国民经济和社会发展“十四五”规划纲要中提出，要“落实2030年应对气候变化国家自主贡献目标，制定2030年前碳排放达峰行动方案”“锚定努力争取2060年前实现碳中和，采取更加有力的政策和措施”，这是对全球气候变化应对工作的积极响应与庄重承诺。水资源作为受到气候变化影响最为直接和深入的领域，将承接巨大的适应气候变化重任和历史机遇。通过不断提升我国基于气候变化条件下的水资源风险防控能力，必将为全面提升我国适应气候变化能力作出巨大贡献，从而成为展示我国适应气候变化工作的优秀典范与良好平台。

第2章

我国水资源风险防控的总体思路

加强水资源风险防控事关社会主义现代化国家建设，是水利高质量发展的必然要求，更是人类文明发展的必然选择。提高国家水资源风险防控，要按照总体国家安全观要求，坚持以人民为中心理念，统筹发展和安全，强化水资源风险前端管控，加快构建国家水网，提升水资源风险的社会承受能力，建立水资源风险防控制度和技术支撑体系。结合我国不同区域特点和面临的水资源风险，统筹兼顾、系统治理，全面增强我国水资源风险防控水平，为全面建设社会主义现代化国家提供有力支撑和保障。

2.1 总体考虑

提高我国水资源风险防控能力，要以习近平新时代中国特色社会主义思想为指导，全面贯彻党的十九大和十九届二中、三中、四中、五中全会精神，深入践行总体国家安全观，统筹推进“五位一体”总体布局和协调推进“四个全面”战略布局，立足新发展阶段，贯彻新发展理念，构建新发展格局；以推动高质量发展为主题，坚持“节水优先、空间均衡、系统治理、两手发力”的治水思路，统筹发展和安全；以实现国家水资源安全为目标，坚持底线思维和问题导向，强化水资源风险前端管控，加快构建国家水网，提升水资源风险的社会承受能力；建立水资源风险防控制度和技术支撑体系，实现风险全过程防控；努力防范、应对和化解水资源风险，为全面建设社会主义现代化国家提供有力支撑和保障。

提高我国水资源风险防控能力，要坚持以人为本、人水和谐，紧紧围绕更好满足人民日益增长的美好生活需要，全面提高应对水资源风险能力，推进经济社会发展与水资源、水环境、水生态承载能力相适应，实现人水和谐；坚持节水优先、高效利用，把节水优先作为防控水资源风险的主要着力点，全面推进节水型社会建设，尽早实现节约集约用水，持续提高用水效率和效益；坚持统筹兼顾、综合施策，立足山水林田湖草沙是一个生命共同体的思想，统筹解决水资源、水生态、水环境、水灾害问题；坚持改革创新、两手发力，全面深化改革，持续增强现代化发展的活力和动力，加快构建系统完备、科学规范、开放公正、运行高效的水治理体制机制；坚持底线思维、预防为主，从源头加强水资源风险预防，减少水资源风险，合理部署风险管控措施，有效防范和遏制重特大灾害和事故风险。

2.2 应遵循的客观规律

规律是事物之间普遍的、稳定的、不以人的意志为转移的本质联系。提升水资源风险防控能力，应遵循自然规律、经济社会规律、生态规律等客观规律（见专栏2.1），坚持人与自然和谐共生的原则，对水资源取之有时、用之有度，合理开发利用水资源，不断完善水利基础设施网络体系，保障经济社会高质量发展。

（1）自然规律。自然规律主要指存在于自然界的客观事物内部规律。水资源是自然资源的重要组成部分，在调节气候、塑造地貌、维持生态以及保障生活生产等方面发挥了重要作用，具有整体性、系统性、循环性、时空分异性、资源有限性等特征，其循环规律、结构特点、演变趋势与区域气候、自然地理、生态环境等条件密切相关。

（2）经济社会规律。经济社会规律主要指经济社会现象间普遍的、本质的、必然的联系。兴水利、除水害，事关人类生存、经济发展、社会进步，历来是治国安邦的大事。水资源对保障经济社会发展起到至关重要的支撑作用，但不同经济社会发展阶段对水资源的供给要求和利用水平不尽相同，从传统引水灌溉到水资源综合利用、粗放利用到集约节约利用、无序用水到以水而定等转变中可以看出，人类对水资源开发利用朝着集约节约利用和精细化管理方向发展。

（3）生态规律。生态规律主要指生态环境领域中的事物和现象的本质联系。水是生态之基，是支撑和维持生态系统的重要控制性要素，可以说水资源禀赋在很大程度上决定了生态系统结构和格局。水资源开发利用直接作用于水资源系统，同时间接对生态系统产生影响，需协调好水与生态的关系，促进人与生态和谐相处。

专栏 2.1

水资源风险防控应遵循的自然规律、经济社会规律和生态规律

1. 自然规律

（1）水循环是一个完整过程。水循环过程通过降水、蒸发、

入渗、产流等环节形成一个系统整体，在自然地理、地形地貌、气候条件作用下，形成了具有流域区域特点的水循环模式。对水资源的开发利用在一定程度上改变了原有的水循环过程，当水循环过程受到严重干扰时，将会产生不利影响。因此要从维持良性水循环角度出发，针对水循环影响因素的差异性特点，充分分析水资源开发利用对于原有水循环过程的影响，并充分论证工程实施后对水循环过程的改变以及由此带来的风险等，做好风险规避。

(2) 水资源变化具有随机性。水资源不同于矿产、土地等资源，其最大特点在于水资源的时空变化性，不同区域、不同年份、不同时段的水资源始终处于变化中，水资源动态变化带来的不确定性对调水工程的影响不容忽视。此外，水资源演变过程和经济社会用水需求过程难以做到准确匹配，这给供需过程调配带来困难。

(3) 水资源承载能力是有限度的。水资源是有限资源，由此带来的水资源承载力也是有限的，虽然不同区域水资源量丰枯对应的承载力有高低之分，但都有承载力极限，即开发利用上限。在开发利用水资源过程中，需要分析各河湖水系现状开发利用水平和可开发利用上限，合理控制水资源开发利用强度，做到取之有时、用之有度。

2. 经济社会规律

(1) 经济社会对水安全保障具有较强的依赖性。水是经济社会发展不可替代的基础支撑，关系到经济安全、生态安全、国家安全。水安全对经济社会发展的重要性不言而喻，但是水资源分布与经济社会布局不一定相匹配。如海河地区水土资源严重不匹配，过度开发导致水资源风险居高不下，严重制约区域经济社会发展；南水北调东线一期工程的实施，有效提高了海河区域的水安全保障能力，推动了区域经济社会发展。

（2）水安全保障标准和要求在不断提升。经济社会发展对水安全保障的标准和要求是随着经济社会发展水平的提升而不断提升的。一开始只需要保障供水、灌溉等基本要求，随着时代发展，对于提高保障程度、改善生态环境、营造水文化氛围，以及保障国家粮食安全、能源安全等提出新的更高要求。特别是过去20年，我国经济社会发展迅速，城镇化水平不断提高，城市群不断涌现，区域重大战略相继实施，均对水安全提出更高要求，水安全已上升为国家战略。我国社会主要矛盾已经转化为人民日益增长的美好生活需要和不平衡不充分的发展之间的矛盾，一方面需要满足经济社会发展用水需求，另一方面也需要提高供水保证率，满足优质水资源供给需要，多源互济确保国家重大战略区水安全，防范重大水安全事件。

（3）合理利用水资源的价值规律有助于形成良好水价机制。水是一种资源，也是一种商品，具有价值属性。配置好水资源，就要充分发挥水资源的价值属性，合理利用水价形成机制，发挥水价杠杆作用，有利于水资源的优化配置和提高用水效率。此外，还需要完善市场机制，坚持“两手发力”，既要坚持政府主导，发挥集中力量办大事的制度优势，也要发挥市场作用，以利于控制工程投资、降低运营成本，完善“利益共享、风险分担”的机制。

（4）节水是重要前提。随着经济社会发展水平的提高，越来越认识到需要更加珍惜水资源，把节水工作摆在优先的位置。应按照水资源刚性约束要求，将节水和用水应联动考虑，坚持以水定城、以水定地、以水定人、以水定产，根据水资源承载能力优化城市空间布局、产业结构、人口规模，抑制不合理的用水需求。

3. 生态规律

（1）水资源条件决定生态格局。水资源是生态系统演化的重要驱动因子，不同的水土资源条件支撑了不同的生态系统。水资源与生态是相互依存关系，良好的水循环有助于促进生态系统的稳定和改善，同时良好的生态系统有助于调节水资源的转化。

（2）生态安全底线是不能突破的。自然条件下的生态系统一般朝着种类多样化、结构复杂化和功能完善化的方向发展，其结构相对稳定，还具有一定的自我调节和修复能力，且不同的生态系统承受能力和自我调节能力也不同。而人为对生态系统的不良干扰和破坏，使生态系统朝着单一、碎片化发展，当超过生态安全底线时，将带来生态系统的崩溃。

（3）生态系统质量和稳定性需要维持和改善。维持河湖生态系统的稳定性，在河湖内需要保留符合水质要求的流量及其过程，这需要考虑不同河流生态流量保障目标和程度的差异性，如长江干流及主要支流等水量丰沛的河流，生态保护对象要求相对较高，生态流量目标占年径流量比例及保障程度也相对较高；黄河、淮河等丰枯变化较为剧烈的河流，生态保护对象要求相对较低，生态流量目标占比及保障程度也较低；海河干涸断流，生态受损严重，宜确定分时段生态流量保障目标。

2.3 战略目标

针对我国水资源风险特征及其防控现状，我国水资源风险防控的总体目标包括以下四个方面：一是充分保障水资源合理需求；二是显著提升水资源利用效率；三是及时预警水资源潜在风险；四是妥善应对水资源各类问题。具体目标如下：

（1）到2025年，水资源供给保障能力显著提升。全国新增供水能力290亿m^3，地级及以上城市应急备用水源基本建立，城镇供水保证率进一步提高；农村自来水普及率达到88%以上；重点河湖基本生态流量达标率达到90%以上，河湖水域面积不减。

（2）水资源利用效率显著提升。水资源刚性约束基本建立，全国年供用水总量控制在6400亿m^3以内；万元国内生产总值用水量、万元工业增加值用水量较2020年均降低16%；全国城市公共供水管网漏损率控制在10%以内。

（3）水资源风险监测预警能力显著提升。水资源多要素监测基础设施体系基本建立，预警预报精度和响应速度有效提升，综合研判决策能力明显增强。

到2035年，基本建成与社会主义现代化进程相适应的水资源风险防控体系，水资源保障能力有效满足经济社会和生态环境的合理需求，水资源利用效率效益达到国际先进水平，水资源风险预警应对体系高效运行。

2.4 战略任务

2.4.1 水资源风险的前端管控

把加强水资源风险前端管控作为应对水资源风险的主要手段，从风险源头减少重大水资源风险事件发生概率。

（1）强化水资源刚性约束。针对水资源开发利用程度与水资源禀赋条件不协调、不匹配、不均衡，经济社会用水挤占生态环境用水等突出问题，以节水型社会建设为切入点，实施水资源消耗总量和强度双控行动，强化水资源承载力在区域发展、城镇化建设、产业布局等方面的刚性约束。

（2）加强水生态环境风险源防控。明确水污染风险防范重点名录与重点区域，加强重点领域、重点类型水污染风险以及重点水生态风险隐患防范，建立完善水生态环境风险前端监管体系。

（3）建立完善水资源风险监测与预警体系。通过建立水资源风险监测和预警分级体系，完善水资风险监测站网建设，推进水资源风险信息化管理水平等综合措施，不断提高水资源风险监测预警的准确性和前瞻性。

2.4.2 构建国家水网应对水资源风险

把加快构建国家水网作为积极应对水资源风险的重要方面，提升对水资源风险传导路径的管控，努力减缓风险发生概率和可能影响。

（1）推进水资源配置工程建设。针对我国水资源时空分布不均、水土资源不相匹配的总体格局，把完善水资源配置工程体系作为提升水资源风险防控的重要硬件基础，通过加快重点水源工程、实施一批重大引调水工程和加快抗旱水源工程等措施，不断提升水资源保障能力。

（2）加强城乡供水保障能力建设。对水源单一、应对突发事件能力不足的城市，加快推进城市应急备用水源建设，完善城市水源格局，增强城市应急供水能力，有条件的地区逐步实现城乡供水一体化。

（3）做好水资源战略储备水源建设，健全国家供水安全战略储备体系，加强战略水源输送通道研究论证与建设，提高城市群、城市、能源基地供水安全保障能力。

（4）实施山水林田湖草沙系统治理工程。针对受人类活动影响较大，生态退化较为严重的区域，通过实施系统治理，加强生态修复，恢复和改善水生态系统健康水平。

（5）提升工程对气候变化的适应性。加强工程规划对气候变化的应对，有针对性地考虑气候变化的影响，增强工程设计的风险要素，提高工程的运行管理水平。

2.4.3 水资源风险影响的社会应对

把提升水资源风险事件的社会应对能力作为防控水资源风险的重要内容，努力消解重大水资源风险事件产生的不利影响。

（1）完善水资源风险防控的政府协调应对机制。通过完善水资源风险防控的体制机制、加强重大水污染事件协调、常态化开展风险评估等措施，提高政府水资源风险防控能力。

（2）加强宣传教育与舆论引导。通过加强宣传教育，提高舆论引导能力，并鼓励公众参与水资源风险防控，形成全社会共同防控水资源风险的合力。

（3）建立社会分担机制。通过完善社会化分担机制，建立巨灾风险分散机制等措施，提高全社会共担风险的能力。

（4）建立健全流域和区域联防联控机制。突破地区封闭和“条块分割”，有效应对跨区域重大水资源风险事件。

（5）完善水资源风险事件应急响应机制。加强水资源风险事件应急评估，并提升水资源风险事件应急和救援能力。

2.4.4　水资源风险防控制度与技术支撑体系

把完善水资源风险防控制度和技术支撑体系作为水资源风险管控的重要保障，用制度管控风险、用科技应对风险。

（1）建立水资源风险区划、水资源风险动态管理、水资源风险评价与监督考核、水资源风险信息公开等一系列制度。

（2）加强水资源风险防控关键技术研究与应用。针对水资源风险机理与风险评估方法、水资源风险防控技术与管理体系、非常规水资源的开发与利用关键技术、水资源风险监测预警体系等关乎水资源风险管控的重大技术问题，加大研发投入，用科技创新积极应对水资源风险。

2.5　总体布局

针对我国不同地区水资源风险特征和防控现状，按照风险全过程管控理念，提出我国水资源风险防控的总体布局。

2.5.1　东北地区

东北地区要加强水资源节约集约利用，在松嫩平原、三江平原大型灌区大力推广高效节水灌溉技术，实施农田节水控制灌溉技术。完善水资源配置格局，通过建设大伙房水库输水二期、中部城市引松供水、引绰济辽等跨流域调水工程，连通黑龙江、松花江、辽河等江河水系，逐步完善东北地区水网格局。加强水源涵养与水土流失综合整治，推进大小兴安岭、长白山森林生态功能区、辽东山地水源涵养区和饮用水水源地的保护。加强河湖湿地修复和生态环境保护，禁止疏干、围垦湿地；实施流域湿地生态补水工程、河湖连通工程，推进三江平原、松辽平原等重点湿地修复和保护。

2.5.2 华北地区

华北地区要大力推进节水型社会建设，优化调整用水结构，严格控制高耗水项目发展，推进京津冀、山东半岛形成节水型产业体系。根据作物的需水规律和当地水资源状况，调整作物空间布局，适当压缩水资源严重紧张地区的灌溉规模；加大大中型灌区的节水改造力度，重点解决骨干工程设施不配套、老化失修、渠系不配套、渗漏损失严重等问题；强化国家有关节水政策和技术标准的贯彻执行力度，全面推行节水型用水器具，提高生活用水节水效率。完善水资源配置格局，以南水北调东中线干线工程为纽带，加强与山区骨干水库、引黄干线、骨干配水渠道的连通，实施南水北调东线二期工程，完善多源联调联供的水资源调配体系，多措并举保障流域供水安全。加快“六河五湖”综合治理与生态修复，采取强有力的措施推进华北地区地下水超采综合治理，有效保护和修复水生态环境。

2.5.3 华中地区

华中地区要完善区域水资源配置网络，以洞庭湖、鄱阳湖、三峡等重点水源为基础，完善区域水资源配置网络，保障水资源安全。加强大别山区、三峡库区、丹江口库区等重要水源涵养区的保护。加大退耕还林和天然林保护力度，制止乱砍滥伐，采取造林与封育相结合的措施，大力开展重点水源涵养区水土流失综合治理。加强洞庭湖、鄱阳湖、洪湖、巢湖等重点湖泊及湿地生态环境修复，严格禁止围垦，积极退田还湖，增加河湖水生态空间。完善河湖管理、岸线保护等规划，依法划定河湖管理和保护范围，严格管控水域岸线的占用。构建生态水网，实施江湖连通工程，提高水环境承载能力。加大重点河湖的水污染治理，提高长江及其重要支流污水处理率，减少污染物排放。

2.5.4 东南地区

东南地区要优化调整产业结构，推进高耗水行业节水治污技术改造，合理布置城市及工业用水布局，继续加大水污染防治力度，严格控制工业和城镇污染物入河总量，实现节水减排。以截污控污、清淤疏浚为重点，加强长江三角洲、珠江三角洲等地区的水环境综合治理。完善水资源配置，通过建设新安江引水、引江济淮、平潭及闽江口水资源配置、珠江三角洲水资源配置、北部湾水资源配置、南渡江引水等引调水工程，适度开发钱塘江、闽江、西江等流域水资源，保障粤港澳大湾区水资源安全。加强太湖、钱塘江、闽江等重要河湖的保护与修复，推进长江三角洲、珠江三角洲地区河湖水系连通和生态水网建设。加强水资源统一调度，保证枯水期及枯水年河道内生态环境流量、压咸流量，维系滨河湿地与河口滩涂湿地，改善河口生态环境状况。

2.5.5 西南地区

西南地区要加强水源涵养与水土流失治理，以金沙江、嘉陵江、岷江、沱江、涪江、乌江等江河为重点，加大对现有林草植被的保护，有序开展地表植被建设，有条件的地区实施生态移民，改善水土流失状况，降低石漠化程度。加强区域水资源配置工程建设，推进重点水源工程建设，形成大中小微、蓄引提调相结合的水源工程体系，保障区域城乡供水安全；通过建设滇中引水、贵州夹岩水利枢纽及黔西北供水等引调水工程，连通长江、珠江、西南诸河等江河水系，促进人口分布、产业结构布局与水资源承载和调配能力相适应。加强水生态保护治理，对滇池、草海等高原湖泊实施综合治理修复，加强涉水工程生态调度，保障流域枯水期最小生态需水流量和敏感期生态需水流量。

2.5.6 西北地区

西北地区要加强水资源节约集约利用，推进灌区节水改造，提高用水效率和效益。适当压缩水稻、小麦等高耗水作物的面积，发展高产出、低水耗的农牧业。完善水资源配置体系，通过建设引汉济渭、引大济湟、引黄济宁、白龙江引水、引洮供水二期、新疆水资源配置等一批重大水资源调配工程，提高区域水资源承载能力。加强水源涵养与水土保持生态建设，加强三江源、祁连山、甘南地区等重要水源涵养生态功能区的保护，以黄土高原丘陵沟壑水土保持生态功能区等国家重点治理区为重点，加强以小流域为单元的水土流失综合治理。加强水蚀-风蚀区土壤侵蚀治理。加强水污染防治，禁止建设资源消耗多、污染物排放量大的项目，淘汰现有水污染严重项目。加强重点河湖生态保护治理，以塔里木河、黑河、石羊河、渭河等为重点，加强流域综合整治，优化水资源配置，增加河湖生态环境用水，恢复河湖健康。加强冰川监测，做好气候变化影响应对措施。

第3章

水资源风险前端管控

针对水资源风险的特征，坚持把以风险源管控为核心的前端管控措施作为水资源风险管控的重点，通过推进供给侧结构性改革，优化产业和城镇发展布局和规模，强化水资源承载力刚性约束，避免因水资源承载力超载而增加水资源风险。对于水环境、水生态领域，加强重要风险源和风险隐患的防范监管。完善水资源风险监测网络，加大对水环境、水生态的风险监测，建立完善水资源风险监测与预警分级管理体系，努力从源头降低水资源风险水平，提升水资源风险监测预警能力。

3.1 水资源刚性约束

自20世纪80年代以来，随着产业结构调整、技术进步、用水管理和节水水平提高，我国用水效率明显提高，30多年来以年均1%的用水低增长支撑了年均近10%的经济高速增长。当前万元国内生产总值用水量、万元工业增加值用水量分别较2000年下降了63%和64%；农田灌溉水有效利用系数较2000年提高了9个百分点。但随着经济社会发展，水资源约束日益趋紧，预计未来我国用水量仍将保持增长。与发达国家相比，我国用水水平仍然偏低，城镇供水管网漏损率平均高出国际先进水平5个百分点。为减缓我国水资源供需矛盾可能引发的风险、保障经济社会可持续发展，必须严格加快推进供给侧结构性改革，落实水资源总量和强度双控行动，强化水资源承载力的刚性约束。

3.1.1 水资源总量和强度双控

全面落实最严格水资源管理制度，加快推进水资源总量和强度指标分解，加强节水型社会建设，提高非常规水资源综合利用水平，水资源利用效率和效益进一步提升。

（1）严格水资源总量和强度指标管理。加快完成全国用水总量指标分解到省、市、县三级行政区以及完成全国53条跨省重要江河流域水量分配，推进用水总量指标分解到农业、工业、生活等不同领域，落实到地表水、地下水等不同水源。实行地下水取用水总量和水位双控，明确省、市、县三级行政区地下水开发利用总量控制指标，严格控制深层地下水开采量。严格强度控制指标管理，把万元国内生产总值用水量、万元工业增加值用水量和农田灌溉水有效利用系数逐级分解到省、市、县三级行政区，明确区域强度控制要求。建立完善用水总量和强度指标分解标准体系，规范指标分解过程。

（2）大力推进农业、工业及城镇生活等重点领域节水。加大农业节水力度，强化灌区骨干渠系节水改造、末级渠系建设、田间工程配套和农业用水管理，实现输水、用水全过程节水；积极推广使用喷灌、微灌、低压管道输水灌溉等高效节水技术，加强灌区监测与管理信息系统建设，实现精准灌溉；推广农机、农艺和生物技术节水措施，培育并普及高品质、低耗水和高产出的农作物、林果品种，提高水资源利用效率。加大工业节水力度，大力推广工业水循环利用、高效冷却、热力系统节水、洗涤节水等节水工艺和技术，实行强制性节水用水措施与标准，完善国家鼓励类和淘汰类工业用水工艺、技术和设备目录；推进合同节水管理，建立健全激励机制，引导社会资本参与投资节水服务；开展节水型企业创建工作，定期发布优秀节水企业和节水措施、技术，并在财税、融资、用水需求等方面给予政策倾斜。加大城镇生活节水力度，全面降低城镇供水管网漏损率，制定供水管道维修和更新改造计划，加大新型防漏、防爆、防污染管材的使用；大力推广器具和设备，推进机关、学校、医院、宾馆、家庭等节水器具使用；加强服务业节水改造，严格控制洗车、洗浴、游泳馆、高尔夫球场等场馆的用水量和发展规模。

（3）提高非常规水资源利用效率。积极借鉴西方发达国家非常规水资源利用的经验模式（见专栏3.1），大力推广废污水再生利用，在工业生产、城市绿化、道路清扫、车辆冲洗、建筑施工以及生态景观等领域优先使用再生水。提高雨水集蓄利用水平，以北方缺水地区、南方部分丘陵区、城市地区为重点，建设雨水集蓄工程，示范推广集蓄雨水地下水回灌和生态环境利用等技术。加强海水综合利用，在沿海地区电力、化工、石化等行业，推行直接利用海水作为循环冷却等的工业用水；在有条件的城市，加快推进淡化海水作为生活用水补充水源。探索微咸水综合利用模式，以农业利用为主要突破口，建立种植业、养殖业中的高效农业生态模式，同时探索微咸水在城镇生活、工业冷却等方面的利用模式。

专栏 3.1

国外再生水代表性应用案例

1. 美国

1932年，美国在加利福尼亚州的旧金山建立了世界上第一个污水处理厂，处理后的污水用于公园湖泊观赏用水，1947年为公园湖泊和灌溉供水达每日4.34万m^3，占公园园艺总需水量的1/40。1961年美国加利福尼亚州桑提镇利用污水处理厂的再生水，在锡卡莫尔河谷区建造了5个人工湖泊。佛罗里达州根据其城市用水集中的特点，提出非饮用水回用的基本模式，大规模施行双管供水系统，用于城市绿化，作为建筑物、住宅区的中水管道用水。而得克萨斯州则根据用水的传统和水文地质特点，采取“间接回用”的模式，大规模进行再生水的地下回灌。

2. 日本

日本再生水主要用于城市杂用、工业、农业灌溉，以及通过河道回灌地下水等。近年来又开发出一种地下毛细管渗滤系统，渗漏回灌补充地下水。日本大部分再生水用于“清流复活”，以保护与修复水环境。东京市将部分城市污水处理后，再输送到河流上游，作为城市河道景观用水。大阪目前运转的12个污水处理厂中，有5个主要用于改善污水处理厂附近居民休闲场所的水环境，其中中滨污水处理厂的深度处理出水用于大阪市护城河的维持用水，同时为水鸟繁殖提供场所。平野污水处理厂向没有固定水源的市内河流提供经过深度处理的维持用水。

3. 以色列

以色列是全世界再生水利用程度最高的国家之一，几乎所有家庭都具备了自来水和再生水的双管供水系统。以色列从1972年就开始规模化污水再利用，目前，再生水已成为其重要的农业水资源，全国1/3的农业灌溉使用城市再生水，农业灌溉用量占其污水处理总量的46%，且这一比例还在不断增加。为便于污水的农业利用，以色列将全国按自然流域划分为7个大的区域，每个区域内都按污水产生量制定了利用计划，一些地区几乎所有的污水都得到处理和利用。针对城市污水处理后回用农业的安全性问题，以色列对城市污水处理厂的进水进行严格控制，对重污染企业的废水进行分类管理，达标后才能进入污水处理厂。同时，对农作物灌溉制定了较为严格的水质标准。

3.1.2 水资源开发利用约束和激励措施

以实施产业准入制度为抓手，以严格落实水资源论证、取水许可为重要保障，强化计划用水管理和定额管理，不断优化完善水资源税费体制，进一步提高水资源在促进产业结构调整、优化产业布局、推进新型城镇化建设中的约束作用。

（1）制定完善行业负面清单。以流域（区域）为单元，根据水资源承载力，结合供给侧结构性改革，完善行业准入制度，制定行业负面清单。加快推进流域/区域水资源承载力评估，明确承载力大小及产业发展定位，划定产业发展禁止区、限制区和适度开发区。结合区域水资源禀赋和水生态环境保护要求，选取一项或多项指标并建立评估体系，作为制定区域行业准入负面清单的否定性指标并确定其限值，对于不满足指标要求的行业，应将其直接列入行业准入负面清单，并实行差别化行业准入条件，优化能源、钢铁、石化等高耗水行业的布局，发挥其对产业结构调整、城镇化建设等方面的指导作用。对于水资源承载力已超载的地区，开展区域产业、人口状况调查，摸清水资源承载力超载原因，限制新增产业或人口规模，优化已有产业布局和结果，并将影响严重的产业迁移出本区域。

（2）加强计划用水管理和定额管理。严格落实计划用水管理办法，强化用水需求和过程管理，控制行业和区域用水总量。加强用水定额管理，完善重点行业、区域用水定额标准，建立覆盖主要农作物、工业产品和生活服务行业的先进用水定额体系，实行用水定额动态修编。建立健全国家、省、市级重点监控用水单位名录，强化取用水计量监控，完善取用水统计和核查体系，建立健全用水统计台账。对重点用水单位的主要用水设备、节水工艺、耗水情况和用水效率等进行监控管理。

（3）完善水资源节约高效利用激励机制。完善节水支持政策，合理制定水价，充分运用价格机制促进节约用水。积极推进水资源税费改革，明确税收征收标准，理顺水资源税费关系。推行合同节水管理，开展合同节水管理示范试点。进一步优化农机具购置补贴目录，扩大节水灌溉设备购置补贴范围，带动农业节水产业发展。对节水型社会建设示范区和节水示范项目给予支持和奖励。修订《节能节水专用设备企业所得税优惠目录》，把重要节水专用设备纳入目录，对企业购置并实际使用目录中的节水专用设备实行税收抵免。加强节水技术创新，支持节水产品设备制造企业做大做强。

3.1.3 规划水资源论证

将水安全评估、水资源风险评估、减缓行动、监管需求等系统地纳入空间规划、城市发展总体规划等相关规划编制过程，纳入各级政府发展规划审批过程。在规划和审批阶段，从区域水资源条件、水资源-水环境-水生态承载力、水资源风险等角度，对规划的用水、排水、排污等水量水质过程，流域和区域水资源、水环境、水生态的影响，以及水资源风险影响减缓措施等进行整体评估和判断。政府制度设计、政策决策、重要规划编制和重大建设项目论证增加水资源风险预测和论证的重要环节。加强水生态环境风险源防控，“十五”以来，我国水污染突发事件高发频发，2009年以来仅重大突发性污染事件就发生超过30起，严重影响了当地的人民生活及水生态系统健康，威胁到社会稳定和经济发展。围绕解决常规水污染风险与突发水污染事件风险，通过开展水污染风险调查与评估，调整产业结构，提高重点污染物处置水平，从源头防治水污染风险。围绕变化环境下水生态系统出现的新问题新趋势，加强对重点水生态风险隐患的监管，降低水生态风险概率。

3.1.4 重点领域水污染风险防范

以防控饮用水水源污染风险为核心，加强水污染突发事件风险、地下水污染风险、污水再利用风险等重点领域的水污染风险防控，有效降低水污染风险。

（1）加强饮用水水源污染风险防范。调查重要及规模以上饮用水水源地周边产业布局及危险品交通运输状况，对潜在风险源进行识别和风险评估。

1）加强地表水型饮用水水源风险防范。对于集中式饮用水水源地，建立饮用水水源保护区及影响范围内风险源名录和风险防控方案，定期或不定期地开展周边环境安全隐患排查及饮用水水源地环境风险评估。对于分散式饮用水水源地，定期开展基础环境调查，排查环境风险源，并对水源保护范围内污染状况进行评估，建立分散式饮用水水源地动态监测库。此外，对于取水口、排污口犬牙交错普遍的水源地，加快排污口和取水口的优化布局和整治；对于具有明显感潮特点的河道型水源地，监测和控制下游排污或咸潮等影响；对于具有航运复合功能河流，加强沿线航运污染风险整治；及时撤销和调整受污染且难以恢复饮用水功能的水源地。

2）加强地下水型饮用水水源风险防范。建立地下水饮用水水源风险评估机制，定期调查评估集中式地下水型饮用水水源补给区和污染源周边区域环境状况。对地下水饮用水水源保护区外，与水源共处同一水文地质单元的工业污染源、垃圾填埋场及加油站等风险源实施风险等级管理，对有毒有害物质进行严格管理与控制。

我国饮用水水源地保护现状参见专栏3.2。

专栏3.2

我国饮用水水源地保护现状

全国329个城市中，集中式饮用水水源地水质全部达标的城市为278个，达标比例为84.5%。饮用水水源保护区制度落实不够到位，86个地级以上城市的141个一级水源保护区、52个二级水源保护区内未完成整治工作，且缺乏明确的考核制度和责任规定。有的饮用水水源保护区划定不规范，已划定的保护区内存在农田、住户、公用设施等可能污染饮用水水源的问题。有的水源地上游分布着高风险污染行业，环境安全隐患较大，城市备用水源建设和保护有待加强。地下水水质状况不容乐观，部分地区地下水污染较重。农村地区分散式饮用水水源保护工作基础薄弱，缺乏必要的卫生防护措施和检测设备。饮用水水源环境监测监管能力不足，有的城市不具备饮用水水源水质全指标监测分析能力，有的城市饮用水水源监管和预警应急能力较差，难以有效应对突发环境污染。

（2）加强水污染突发事件风险源防范。坚持预防优先，摸查整治水污染突发事件风险源。开展企业突发水污染事件风险评估工作，分析可能发生的突发环境事件，将存在重大环境安全隐患且整治不力的企业信息纳入社会诚信档案，提高区域环境风险防范能力。以饮用水水源地为重点，定期对污染风险源进行全面调查和检查，提高应对突发水污染事件的主动性，及时消除所发现的安全隐患。完善相关法律法规体系，强化地方政府和企业防范意识与责任，加强危险化学品的安全管理，提高对水污染突发事件风险源的防范能力。结合水资源水环境监测系统，开展饮用水水源地、水功能区、水污染易发区等重点地区水环境监测，并及时发布水污染风险预警信息。

（3）加强地下水污染风险防控。建立地下水污染防范体系，统筹兼顾地表水与地下水，有效防范地下水污染风险，保障流域水环境健康。开展地下水与土壤污染调查。摸清并掌握地下水污染，特别是实施工业污染源、垃圾填埋场及加油站等重点地区地下水污染状况调查，开展土壤污染对地下水环境影响的风险评估，深入分析地下水污染成因和发展趋势，并开展地下水污染风险评估。分区地下水污染防范。通过地下水脆弱性评价、污染源负荷评价、地下水功能评价，绘制地下水污染风险分区图。在高风险地区，重点“控源”，加强重点工业行业地下水环境监管，清除有害物质排放源，严禁污水灌溉，人工回灌不得恶化地下水质，严格管控农业非点源污染。在中风险地区，严格限制重污染企业发展，重点管控工业污染源和城市生活污水排放，积极推广清洁生产，减少农药、化肥的使用。在低风险地区，进一步完善规划，防止或减少污染对环境的不良影响；强化地表水污染防治，防止污染地下水。全过程监管地下水资源的开发利用，分层开采水质差异大的多层地下水含水层，不得混合开采已受污染的潜水和承压水。

（4）加强污水再利用风险防控。针对近年城市污水再生利用的比例和范围不断提高的状况，把加强污水再利用风险防控作为一项重点。严格控制污水灌溉对地下水造成的污染，污水灌溉的水质要达到灌溉用水水质标准。科学分析灌区水文地质条件等因素，客观评价污水灌溉的适用性。避免在土壤渗透性强、地下水位高的区域进行污水灌溉，防止灌溉引水量过大，杜绝污水漫灌和倒灌引起深层渗漏污染地下水。定期开展污灌区地下水监测，建立健全污水灌溉管理体系。

3.1.5 重点污染物风险防范

建立重金属、危险化学品、持久性有机污染物等污染物的生产、流通、使用、排放、处置全过程管理制度，努力消除重金属、危险化学品、持久性有机污染物环境安全隐患，保障人体健康和环境安全。

（1）加强重金属污染风险防范。

1）加强重点行业环境管理。以有色金属、钢铁、铅蓄电池、皮革、化学制品等行业为重点，严格控制涉重金属行业新增产能快速扩张，优化产业布局，继续淘汰涉重金属重点行业落后产能。涉重金属行业分布集中、产业规模大、发展速度快、环境问题突出的地区，制定实施更严格的地方污染物排放标准和环境准入标准。

2）深化重点区域分类防控。实施重点重金属污染物排放总量控制和差别化分类防控管理，加快湘江等流域突出问题综合整治，推进土壤修复和耕地休养生息，采取综合修复治理措施最大程度减少污染不利影响。开展重金属污染综合整治示范，探索建立区域重金属污染治理与风险防控的技术和管理体系。优化调整重点区域环境质量监测点位，尽快建成全国重金属环境监测体系。清查受重金属污染的饮用水水源地和土地的面积、分布和污染程度。对位于饮用水水源保护区的重金属排放企业一律停产关闭或搬迁。

3）实施重金属污染源综合防治。将重金属相关企业作为重点污染源加强管理，建立重金属污染物产生、排放台账，强化监督性监测、检查制度和信息公开。依法整顿关停污染物排放不达标的涉重金属企业。推动重金属相关产业技术进步，鼓励企业开展深度处理。制定电镀、制革、铅蓄电池等行业工业园区综合整治方案，推动园区清洁、规范发展。健全重金属污染健康危害监测与诊疗体系。强化涉重金属工业园区和重点企业的重金属污染物排放及周边环境中的重金属监测，加强环境风险隐患排查。

（2）加强危险化学品和有毒有机物污染风险防范。

1）加强危险化学品风险管理。健全危险化学品监管体制机制。主管部门定期更新《危险化学品》《剧毒化学品名录》，明确各类危险化学品风险管理的危险阈值，严格控制新化学物质的环境风险。生产、储存、使用和经营和运输危险化学品单位严格执行国家《危险化学品安全管理条例》。加强产业发展与城市建设的规划衔接，优化危险化学品生产、仓储等规划与布局，推进城镇人口密集区危险化学品生产企业搬迁改造，严格控制危险化学品企业周边安全防护距离。尽快公布优先控制化学品名录，严格限制高风险化学品生产、使用和进口，并加快淘汰替代。加快淘汰高风险工艺，提高危险工艺的自动化控制水平和企业安全管理水平。建立全产业链的危险化学品安全监管综合信息平台，启动危险化学品全生命周期管理试点，提升危险化学品本质安全水平。各重点流域干流沿岸严格控制石油加工、化学原料和化学制品制造、医药制造、化学纤维制造、有色金属冶炼、纺织印染等项目环境风险。推动危险化学品风险评估和风险综合防控规划，定期评估沿江河湖库工业企业、工业集聚区环境和健康风险，评估现有化学物质在环境中的积累和风险情况。全面登记、注册危险化学品企业，绘制省、市、县三级以及企业的危险化学品重大危险源分布以及水污染风险图，实施动态监控预警和定期监察。强力落实危险化学品企业安全生产主体责任，加强高风险类危险化学品安全管控。对位于饮用水水源保护区或对饮用水水源有潜在污染风险的涉及污染企业，采取关停或搬迁措施。

2）严格控制环境激素类化学品污染。尽快开展环境激素类化学品生产使用情况调查，监控评估水源地、农产品种植区及水产品集中养殖区风险，实施环境激素类化学品淘汰、限制、替代等措施。

3）削减淘汰持久性有机污染物。以集中整治重点地区、重点行业和企业污染为主线，开展持久性有机污染物及其前体物在环境中的迁移转化行为及生态环境和健康风险评估，解决高风险二噁英、多氯联苯、杀虫剂等持久性有机污染物减排。强化对拟限制或禁止的持久性有机污染物替代品、最佳可行技术以及相关监测检测设备的研发，有效推进新增列持久性有机污染物的淘汰、削减和控制。开展城市饮用水水源地持久性有机污染物监测工作。

3.1.6 重点水生态风险隐患的防范

针对气候变化和人类活动带来的重大水生态风险隐患，坚持以问题为导向，因地制宜，统筹应对。

（1）防范河湖关系演变带来的生态风险。受气候变化及工程等因素影响，河流纵向连通性不断降低，造成水文情势的变化及河流水系物理化学和地貌形态的改变，部分流域的通江湖泊持续减少。为此要妥善处理好江河湖泊关系，综合考虑防洪、生态、供水、航运和发电需要，研究流域上中游水库蓄水变化与中下游水系生态之间的关系，通过水库群联合调度增加枯水期下泄流量，保障重要河湖生态用水。加强重要湖泊、湿地的保护与修复，增强湖泊、湿地的调蓄能力，提升湖泊、湿地在维持流域生态系统健康和稳定性中的作用。幸福河建设的有关介绍见专栏3.3。

专栏3.3

幸 福 河 建 设

人类因河而生、伴河而居，以河而兴。人与河流的关系，早已深深根植于人类文明基因之中。近代以来随着生产力的极大发展，人类对于河流的利用和改造程度不断加深，河流开始“生病”而且都“病”得不轻。在生态文明建设战略的推动下，延续河流生命、实现人水和谐，逐渐成为中国人民的共同追求。习近平总书记在黄河流域生态保护和高质量发展座谈会上发出了“让黄河成为造福人民的幸福河”的伟大号召，更是把重塑人与江河关系摆在的更加突出的位置，用鲜明的时代特征、丰富的思想内涵、深远的战略考量，明确了实现“幸福河”目标是贯穿新时代江河治理保护的一条主线。

幸福河，是指为满足人民群众日益增长的美好生活需要，在坚持人水和谐共生理念的基础上，能够提供持续水安澜、优质水资源、健康水生态、宜居水环境、先进水文化等服务功能，保障经济社会高质量发展，实现江河永续利用，让人民群众更有获得感、幸福感、安全感的河流。从概念内涵来看，幸福河是安澜之河、绿色之河、宜居之河、人文之河、富民之河。

幸福河建设目标和任务，主要围绕持续水安澜、优质水资源、健康水生态、宜居水环境、先进水文化等方面，提升水资源优化配置、水旱灾害防御能力，为全面建设社会主义现代化国家提供有力的水安全保障。持续水安澜方面的建设任务包括合理安排洪水出路、补齐防洪工程短板和薄弱环节、提高洪涝灾害应对能力；优质水资源方面的建设任务包括提高全社会节水爱水护水意识、健全水资源配置和城乡供水保障体系、大力改善供水水质、加强水资源战略储备；健康水生态方面的建设任务包括加强河湖水域岸线保护、切实保障河湖生态流量、强化河湖生态保护修复与治理；宜居水环境方面的建设任务包括严格控制污染物排放、加大水污染治理力度、推进水环境综合治理、构建河湖绿色生态廊道；先进水文化方面的建设任务包括深入挖掘河湖水文化内涵、加强水文化遗产保护和维护、丰富水文化展示体系。

（2）严格控制地下水开发利用程度。严格地下水开采总量和水位双控制。抓紧建立覆盖省、市、县三级行政区域的地下水开采总量控制指标体系，开展地下水保护水位划定工作，逐步建立地下水开发利用水位与水量双控。划定地下水超采区，核定并公布地下水禁采和限采范围。对地下水超采较严重的京津冀晋等地区严格控制地下水开采量，压减地下水超采量，逐步实现地下水采补平衡。

3.2 水资源风险监测与预警体系

水资源风险监测与预警是进行水资源风险识别和风险评估的重要前提，也是进行风险防控的必不可少的手段。目前，我国已经初步建立了覆盖全国范围的水雨情及水文信息监测网络，已建成各类水文测站 121097 处，监测要素有水位、流量、降水、蒸发、水质、泥沙、地下水、冰情、水温、墒情等，初步形成了种类齐全、功能较为完善的水文站网体系。通过实施国家水资源监控能力建设项目，我国已初步建成了取用水、水功能区、大江大河省界断面三大监控体系，对地表水取水年许可取水量在 100 万 m^3 以上、地下水取水年许可取水量在 50 万 m^3 以上的集中取用水大户开展监测，为合理分水、管住用水、强化节水提供支撑。未来须进一步加快我国水资源风险监控网络基础设施建设，注重从传统水资源、水环境和水生态监控转向针对水资源风险监控上来，从水资源风险角度调整和完善监测水量、水质、水生态的监测内容与方式，努力提升对全国水资源风险的实时、在线监控能力；需要加快完善水资源风险预警平台建设，不断提高预警精度和时效，扩大预警信息覆盖面。

3.2.1 水资源风险监控网络基础设施建设

充分利用已有水资源监控网络，提升水资源监测自动化水平。进一步完善水环境监测网络建设，重点开展集中式饮用水水源地、水功能区等重要水域水质监测。逐步开展水生态健康状况监测，尽快建立完善复合当地河湖生态系统特征的监测提标体系。

（1）完善水资源监测。在已有的水资源监控设施基础上，尽快完善全国水资源监控网络，提高地表水资源的监控范围和取用水监控能力，加快对地下水（特别是地下水超采区）取用状况监测，提升水资源监控自动化和在线监控的整体水平，创新提升我国水资源风险监控能力。

（2）完善水环境监测。在已有的水质站网基础上，应尽快完善水环境监测站网，加大水质监测投入力度，提高监测应急能力。按照流域水功能区划，优化布设饮用水水源地，对省（市）界断面、重点保护河段、湖库和重大排污口的测站或测点，严格控制污染排放总量。采用先进科学技术，提高监测站网采样能力、分析能力和信息处理传输能力，逐步建立自动水监测站网，做到及时准确地反映区域水资源风险状况，为水资源管理、保护和水源污染防治服务。

（3）加强水生态监测。水生态系统是生态系统的重要组成部分，是由水生生物群落与水环境共同构成的具有特定结构和功能的动态平衡系统。水生态监测是水生态文明建设的重要前提和技术支撑。需要在结合我国水质监测能力及水平提升的基础上，加快提升水生态监测能力，创新监测手段，不断拓展水生态监测项目，包括浮游植物、浮游动物、着生藻类、鱼类及鱼苗，同时逐步增加监测断面、扩大监测区域，并适时与科研机构合作开展生态调查监测等方面工作和相关科研工作。我国水生态监测现状见专栏 3.4。

专栏 3.4

我国水生态监测现状

我国的水生态监测工作起步较晚。20 世纪 90 年代以后我国开始重视生态保护与修复，2002 年水利部开展海河流域水生态恢复研究，2005 年水利部开展水生态系统保护与修复的试点城市，初步探索水生态监测，2008 年水利部水文局启动了太湖、巢湖等藻类监测试点工作，至此，水生态监测由单一的理化指标向生物指标转变。

在推动水生态监测工作中，水利部确定了北京为全国水文系统水生态监测示范市，长江流域为全国水文系统水生态监测试点流域，济南为全国水文系统水生态监测试点市，形成了“两市一区域”试点示范格局。此外，江苏、吉林、云南、江西等省结合本区域水生态状况与特点，在水生态监测与修复研究、高原湖泊藻类试点监测、水文生态监测研究基地建设等方面进行了有益探索。为加强重大水利工程影响评估，在三峡工程建设过程中以及正式运行后，长江流域水环境监测中心全面监测了长江干支流重点站浮游植物、底栖动物等的变化及演替规律。同时，对丹江口水库库区及主要入库支流水质项目、水生生物等进行了监测。2014—2015 年，水利部组织有关流域与北京大学合作，共同开展了长江、黄河流域干支流水环境要素通量分布特征与生态环境状况调查工作，初次对整条长江、黄河干流及重要支流断面的水质、底泥、微生物、有机物、气体、纳米颗粒和重金属等项目进行了全面监测。

在法律法规与技术标准制定方面，2012年12月，《哈尔滨市水生态监测条例》成为我国首部关于水生态监测的法律。水利部组织编制了《水生生物监测手册》《内陆水域浮游植物监测技术规程》等标准。此外，《河流健康评估指标、标准与方法（试点工作）》及《湖泊健康评估指标、标准与方法（试点工作）》等相关河湖健康评估技术文件中也对水生态监测进行了规范。

3.2.2 水资源风险信息化管理与决策支持系统平台

当前，我国水资源监控信息化资源整合与共享不足，水资源基础信息的碎片化和信息孤岛问题较为严重，无法形成信息的规模化效应，严重制约了水资源风险的实时监控与精准预判。因此，以信息技术为基础，运用各种高新科技手段，对我国水资源及相关信息进行实时采集、传输及管理，同时以水资源风险管理理论为基础，以计算机技术为依托，完善国家、省、地（市）、县四级联动的水量、水质、水生态深入融合的水资源保护监测网络和信息管理平台具有重要意义。

（1）加强监测数据管理与维护。水资源风险监测数据管理与维护是水资源风险信息化管理与决策支撑的重要保障。水资源风险防控信息化建设是一个涉及范围大、领域广、数据链条深的巨大系统工程，涉及数据采集、数据传输、数据处理与分析、数据存储与恢复、业务应用、计算机网络、信息安全等多个方面。因此，开展我国水资源风险监测数据管理与维护，一方面应明确监测数据管理与维护各子系统的系统功能与操作流程；另一方面须加强数据管理与维护制度建设，包括岗位责任制、安全管理制度、设备管理制度、文档管理制度等，制度建设是系统安全运行的根本保证。

（2）加强有关数据挖掘。数据挖掘技术是解决“数据丰富、信息缺乏”问题的一种有效方法。水资源风险相关数据具有量大、面广、分布式、异构式等特点，采用数据挖掘技术为充分利用水资源风险提供了有效手段，可用于水资源管理、评价、预测、动态模拟等问题中。一方面应尽可能完备地搜集与水资源风险问题相关的数据信息资料，从大量的数据中挖掘出有用的部分；另一方面须科学选择和有效利用数据挖掘方法，全面了解各种方法的基本原理及适用问题，在水资源领域必须针对水资源数据特点及特定的挖掘目标来选择合适的数据挖掘算法，并结合水利专业知识对数据挖掘的结果加以评价，为提高水资源风险防控能力提供科学的决策支撑。

（3）完善风险评估与预警体系。开展区域水资源风险评估与预警能力建设是我国水资源风险信息化管理与决策支持系统平台建设的重要内容。一方面应研究建立水资源风险识别、水资源风险预警指标体系、水资源风险预警监控、水资源风险模拟预测、水资源风险应急评估及水资源风险信息发布等功能一体化的综合性平台；另一方面应充分利用先进的物联网、大数据等信息技术，提升平台风险评估与预警功能建设的科学性和实用性。

（4）建立风险决策体系。建立基于水资源风险分析理论的决策支持平台，是开展水资源风险信息化管理与决策支持系统建设的核心内容和终极目标。决策者能够根据科学分析结果制定有针对性的对策，减小水资源风险带来的损失。一方面应开展水资源决策支持平台框架研究，根据相关专业知识，并结合各级管理部门需求，研究设计合理可续的风险决策架构；另一方面应进行水资源风险综合信息管理研究及风险决策支持研究，将水资源风险识别与评价、风险等级及阈值确定、模型及模拟结果融入决策支持管理平台中，实现科学有效的平台风险决策功能。另外，为完善平台的风险决策功能，还需增加水资源风险预报、查询及科普等功能，丰富风险决策平台体系。

3.2.3 水资源风险监测与预警分级管理体系

对于我国这样一个地域广阔、河流众多、水资源情势复杂、风险程度分布不一的国家来说，在水资源风险监测与预警工作过程中，会遇到许多信息传输、共享、协调和决策上的难题，严重制约着监测与预警的效率与水平。从已有的管理经验与国外实践经验来看，建立适合我国国情的水资源风险监测与预警分级管理体系是解决这一问题的关键。

（1）建立管理体系架构与政策制度。建立国家、省、地（市）、县四级联动的水资源风险监测与预警管理体系。按照水资源风险等级的高低以及影响范围的大小，结合行政区域管理权属关系，建立逐级上溯的风险监控与预警体制机制，并以法律法规和政策制度的形式进行落实。进一步明确各级管理主体的职责与权力，细化风险监测信息逐级上报的标准与传输途径，形成责任明晰、多级防控、相互制衡的水资源风险监控与预警管理体系。

（2）完善管理机构设置。依托现有的水资源管理机构，在国家、省、地（市）、县各级分别建立专门的水资源风险监控与预警管理部门，全面负责水资源监控信息的收集与处理，以及风险的预警发布与应急决策会商，并构建全面、系统和深入的信息共享机制。同时，管理机构还负责区域内水资源风险监控与预警能力建设的相关工作，包括规章制度建设、标准规范制定、新增监测站点、监测设备更新与维护，以及监测能力评估等。

（3）建立管理机制与运行模式。在统一的水质、水量、水生态监测平台下，各级管理部门按照区域行政权属关系，开展区域内水资源风险监测与风险评估工作，对于可能的风险情况进行风险预警，并逐级上报，形成对水资源风险的多级防控机制。而对跨区域的风险防控联动，则由上一级或多级管理机构负责协调与组织。

第4章

构建国家水网应对水资源风险

水利基础设施是保障经济社会和生态环境对水资源需求的重要硬件基础。完善的水利基础设施网络，可以调整风险源的影响路径或减少风险源的影响强度，是风险防控体系中不可或缺的重要环节。针对我国水资源风险特征，通过推进水资源配置工程建设，加强城市应急供水保障工程建设，实施山水林田湖草沙系统治理工程等作为完善水利基础设施网络的重要内容，同时提升水利工程对气候变化的适应性，进一步提高水利基础设施网络自身应对风险的能力，努力打造完整、系统、高效的水资源风险防控基础设施网络。

4.1 水资源配置工程建设

水资源配置工程是保障经济社会和生态环境对水资源需求的重要基础设施。经过多年的发展，我国已经基本建成了初具规模的水资源配置工程体系，但要看到，一些地区水供求紧张态势凸显，部分城市水源单一，许多中小城镇缺乏稳定可靠的水源保障，这些都是水资源风险防控的薄弱环节。另外，我国水资源与经济社会空间布局不匹配，全国21个重要经济区中15个经济区缺水突出，其中天山北坡、兰州西宁、宁夏沿黄、关中天水、呼包鄂榆、太原城市群、哈长地区、东陇海、中原经济区等9个经济区资源性缺水突出；长三角、江淮地区、珠三角等3个经济区水质性缺水突出，环渤海、冀中南、滇中地区等3个经济区资源性缺水和水质性缺水并存。在全国17个国家能源基地中，除云贵煤炭基地外，其余16个均分布在水资源环境超载或接近超载地区。这些地区水资源风险防控必须依靠完善水资源配置工程作为重点。

因此，要把完善水资源配置工程体系作为提升水资源风险防控的重要硬件基础，通过加快重点水源工程建设、实施一批重大引调水工程和加快抗旱水源工程等措施，不断提升水资源保障能力（见专栏4.1）。

专栏4.1

水资源配置工程建设重点任务

（1）重点水源工程。把推进重点水源工程建设作为增强区域自身应对水资源风险的重要一环，“十四五”时期推进新疆库尔干、黑龙江关门嘴子、贵州观音、湖南犬木塘、浙江开化、广西长塘等大型水库建设。

（2）重大引调水工程。把重点引调水工程作为提升大区域水资源风险防控能力的重点，“十四五”时期推动南水北调东中线后续工程建设，深化南水北调西线工程比选论证。建设珠三角水资源配置、渝西水资源配置、引江济淮、滇中引水、引汉济渭、新疆奎屯河引水、河北雄安干渠供水、海南琼西北水资源配置等工程。加快引黄济宁、黑龙江三江连通、环北部湾水资源配置等工程前期论证。

（3）抗旱应急水源。科学规划建设一批中小型水库、引提水、机井等抗旱水源工程，保障干旱期间重要部门、粮食生产基地、重点水生态保护区基本用水需求。

（1）加快重点水源工程建设。针对云南、贵州等西南工程性缺水较为严重地区，加快各类水库的建设步伐，力争尽快建成发挥效益，着力提高水资源调蓄能力。其他地区结合区域特点和水资源配置格局，推进一批重点水源工程建设，增强城乡供水保障和应急能力。

（2）推进有关重大引调水工程建设。针对西北和西南等水土资源匹配性较差、人水矛盾较为突出、依靠本地水资源难以保障区域供水安全的地区，在确有需要、生态安全、可以持续的前提下，坚持“三先三后”（先节水后调水、先治污后通水、先环保后用水）原则，加快推进南水北调西线等重大引调水工程前期工作或工程建设，疏通水资源调控动脉，提高区域水资源水环境承载能力。

（3）加快抗旱水源工程建设。以干旱易发区、永久基本农田集中区、粮食主产区等为重点，因地制宜地建设一批蓄引提调抗旱水源工程，通过科学配置和优化调度，发挥各类水源调节互补的抗旱作用。在中西部山丘区，以水窖、水池、塘坝等为重点，提高雨水集蓄能力，解决干旱区群众生活生产用水问题。

4.2 城市应急供水保障工程建设

城市是人口和产业集中区域，是水资源安全保障的重点对象。目前，我国城市水资源调配与供水保障体系与城市快速增长的用水需求仍有较大差距，全国近80%的城市依靠中小河流供水，仅20%的城市依靠大江大河供水，全国一半以上城市缺少应急备用水源。同时，城市应急备用水源建设的严重滞后进一步加剧了城市的供水风险（见专栏4.2）。加强城市应急供水保障能力建设，对于提高城市供水安全、防范城市供水风险具有重要意义。

专栏4.2

我国城市应急备用水源建设存在的主要问题

城市水资源调配与供水保障体系和城市快速增长的用水需求仍有较大差距。在全国653个建制城市中，近400个城市存在不同程度的缺水问题，2000年大旱期间，全国有18个省（自治区、直辖市）的620个城镇缺水（包括县城），影响人口达2600万人。全国260多个城市供水水源单一，尤其在南方，多数城市都以地表水作为单一水源，且全国近80%的城市位于中小河流，依靠中小河流供水，仅20%的城市依靠大江大河供水。

城市应急备用水源建设的严重滞后进一步加剧了城市的供水风险。当前我国应急备用水源地建设存在如下问题：一是应急备用水源地建设滞后。全国653个城市中仅有233个城市建有应急备用水源，仅占全国城市的36%，但一些城市备用水源地还因水体污染、水量不足、疏于管理等种种原因，起不到应有作用。二是应急备用水源地结构单一性较为突出。绝大多数城市都是单一水源的供给形式，尤其在南方多数城市都以地表水作为单一水源。三是可供选择的应急备用水源地不多。全国城镇集中式水源中，河道型水源地供水量占近50%，但受城市发展规划和一些工业项目建设的影响，饮用水水源地分布特点与工业布局不合理，纳污河段与水源地河段交错的问题非常突出，特别是在一些沿海城镇感潮河段，应急备用水源地受到其上下游河段污染往复影响，时常出现超标，水源地水质很难得到保障，致使一些地方水源地频频让位于经济发展，有些地方甚至无水源地可选。四是水源地保护区交通穿越和管道穿越保护区现象也普遍存在。城市应急备用水源储备和应急供水设备储备严重不足已成为城市供水保障体系的突出薄弱短板。

来源：《城市应急备用水源建设总体方案（2016—2020年）》

（1）加快城市应急备用水源工程建设。对水源单一、应对突发事件能力不足的城市，要在对现有供水水源挖潜改造的基础上，统筹考虑在建和规划水源，合理确定城市应急备用水源方案，加快推进城市应急备用水源建设，完善城市水源格局，增强城市应急供水能力。

（2）提高城市供水水源安全保障能力。对现状地下水超采的城市，在充分挖掘节水潜力的前提下，因地制宜地开展替代水源工程建设，通过开辟新水源或外调水置换压采地下水，逐步修复地下水生态环境。对水源水质较差的城市，要针对特征污染物，实施精准治污和加强水源保护；加快城市中自然本底浓度超标的地下水水源的置换，确保城市供水水质安全。

（3）加快污水再生利用等非常规水源设施建设。以缺水及水污染严重地区城市为重点，加快建设污水再生利用设施，按照“优水优用，就近利用”的原则，在工业生产、城市绿化、道路清扫、车辆冲洗、建筑施工及生态景观等领域优先使用污水再生水。有条件的地区可以通过雨水集蓄利用和海水淡化等技术，将非常规水源作为重要的城市水源补充。

4.3 山水林田湖草沙系统治理

针对日益复杂严峻的流域水问题，在生态文明建设理念的要求下，必须要统筹兼顾、综合施治，树立山水林田湖草沙是一个生命共同体的理念，针对受人类活动影响较大、生态退化较为严重的区域，通过实施系统治理，加强生态修复，恢复和改善水生态系统健康水平。

（1）加强水源涵养和水土流失治理。结合国土空间规划成果，明确江河源头区、重要水源涵养区范围，严守生态保护红线。以长江、黄河等江河源头区为重点，加大封禁治理力度，对草原草甸、森林灌丛和湿地，采取禁牧封育、设立封禁宣传碑及宣传牌等措施，强化水土流失预防保护，提高水源涵养能力。加强林草植被的保护和水土保持设施的管护，积极推进重要水源地清洁小流域建设，增强水源涵养和水质维护功能，注重自然修复，实施江河源头区、水蚀风蚀交错区预防及治理，加强生产建设项目人为水土流失控制，维护生态系统稳定。强化以小流域为单元的综合治理，加强坡耕地、侵蚀沟和崩岗的整治，建立拦沙减沙体系，全面完成黄土高原病险淤地坝除险加固，保护耕地及土壤资源，提高综合农业生产能力，促进贫困地区脱贫致富。

（2）推进江河流域综合整治。以水生态问题较为突出的河湖为重点，统筹考虑水灾害、水生态、水环境等问题，加快推进江河流域综合整治。因地制宜地实施河道治理、清淤疏浚，打通阻隔、生态修复，打造河湖绿色生态廊道，保护恢复河湖生态系统及功能，努力打造安全型、生态型河流水系。综合运用节水减排、截污治污、河湖清淤、水系连通、生态调度、自然修复等措施，加快推进水污染严重河湖综合治理，改善水质状况。

（3）加强重点河湖水生态修复与治理。以长江、黄河等大江大河及其支流为重点，通过“违法圈圩、违法建设”清理，大力推进岸线占用退还，加强河湖空间带修复。以京津冀“六河五湖”（永定河、滦河、北运河、大清河、潮白河、南运河和白洋淀、衡水湖、七里海、南大港、北大港）、西北内陆河、重要湿地等为重点，综合运用强化水资源统一配置与管理、河道治理、清淤疏浚、生物控制、自然修复、截污治污等措施，推进生态敏感区、生态脆弱区、重要生境和生态功能受损河湖的生态修复。

（4）加强河湖生态流量保障。科学核定河湖生态流量。根据河流水系特点及存在主要问题，合理确定河湖生态保护与修复目标，研究提出主要控制断面的生态流量（水量）。对于缺水地区、开发程度较高及水文节律变幅大的河湖，按照保障河流水体连续性和重要敏感生物需水等要求，适度确定生态流量；丰水地区、开发利用程度较低及具有调控能力的河湖，按照维护河湖生态系统健康等要求，科学确定生态流量。没有工程调节能力的河湖，根据需要确定生态流量，努力维持河湖自然径流过程。强化流域水资源统一配置，采取生态调度、生态补水等措施保障河湖生态流量。

（5）推进江河流域水系连通。针对存在水体流动性差、河湖萎缩、水质恶化、原有水力联系割裂等问题的河湖水系，坚持恢复自然连通与人工连通相结合，以自然河湖水系、调蓄工程和引排工程为依托，以水资源紧缺、水生态脆弱和水环境恶化地区为重点，构建布局合理、生态良好，引排得当、循环通畅，蓄泄兼筹、丰枯调剂，多源互补、调控自如的河湖水系连通体系。实施农村河道堰塘整治和水系连通，通过清淤疏浚、岸坡整治、河渠连通等措施，建设生态河塘，改善农村生活环境和河流生态，建设水美乡村。

（6）加强森林草原休养生息。实行森林草原用途管制等制度，加强监督检查，强化基本草原管理。坚持生产生态有机结合的方针，确保基本森林和草原面积不减少、质量不下降、用途不改变。对天然林草和沙化草场采取动态监控和林草植被建设等预防保护措施，提高林草植被覆盖率，提升生态系统自我修复能力。对严重退化、沙化、盐渍化、石漠化的森林草原和生态脆弱区的森林草原实行禁牧、休牧制度。

4.4 水利工程对气候变化的适应性

作为对气候变化响应最为敏感的要素之一，水资源情势近年来在全球变化背景下也发生了显著变化，极端水文气象灾害事件发生的频率、频次明显增加，给水利工程规划、设计、建设、管理带来了巨大挑战。此外，实现碳达峰、碳中和愿景目标，实现水利工程高质量发展，对水利工程绿色低碳发展提出了更高要求。因此，本书从水利工程规划设计、监测预警、运行管理等方面出发，分析了气候变化背景下水资源风险防控领域可采取的减缓适应对策，以提升水利工程对气候变化的适应性。

（1）提高水利工程规划设计水平。未来气候变化下水旱灾害的强度和频率将进一步加剧，要将气候变化情景纳入工程设计中，充分考虑气候变化未来趋势和不确定性，完善相关规划设计标准。未来极端天气增多使得设计暴雨和设计洪水发生改变，同时将加剧干旱事件发生的频率、范围和程度等，因此需要在水利工程前期规划设计中，明确防洪设计标准，提高供水保证率，合理规划工程建设规模和施工结构。未来暴雨强度和频次的增加可能引发更多地质灾害，同时可能改变河道泥沙冲淤特征，需要充分考虑水利工程安全和寿命的设计标准。此外，要对早期建设的水利工程安全性进行重新评估，判断在新情势下是否存在升级改造或拆除的需求。依据新的气候变化情景升级城市基础设施设计的相关标准，以消除或减小极端气候事件对城市基础设施的冲击，保证经济社会可持续发展。通过改善施工建造中采用的水工材料性能和水利工程结构以应对气候变化条件下低温冻害、寒潮和干旱等事件频发将对水利工程建筑材料造成力学、变形、耐久性的不利影响。

（2）加强水利工程监测预警能力。在气候变化条件下，水资源风险事件将进一步增加，需要完善水利工程风险监测预警系统，为应对水资源风险争取更多应急响应时间。加快建设国家防汛抗旱监测预警系统，建立集中的水情旱情监测预警发布机制和平台，提高洪涝干旱、台风暴潮、山洪灾害事件的监测预警能力，提升监测站点密度和覆盖率形成完整的监控网络，提高预测精准度，为防汛抗旱决策指挥提供更加有力的支撑和保障。提升变化环境下的水文监测能力和预测预报水平，努力实现从预测预报向预报调度一体化转变，实现从洪水预测预报向洪水干旱预测预报并重转变，实现从常规作业预报向常规和应急预报并重转变，实现从单纯预测预报向影响预报和风险预警转变，为化解水旱灾害防御风险提供有力支撑。此外，加快国家水资源管理信息系统建设，强化水资源信息整合，加强河流重要断面的水质监测，开展水生态文明建设相关的预测预报工作，从水质、水量、水生态多角度进行统一监测预警，为气候变化条件下水利工程的风险管理提供数据支撑。

(3) 提升水利工程运行管理水平。气候变化导致流域的来水和用水条件与原来的设计条件可能发生明显的变化，要对已建工程的运行规则和规程制度进行调整，完善技术标准，摸清工程运行现状，全面开展安全鉴定，及早消除安全隐患，以保障水利工程的安全运行和洪水资源化利用。全面加强水利工程安全规范运行的监管要求，加强日常风险管理和应急管理，加强监管制度和规范建设，降低工程负面影响，推行水利项目强监管，以应对极端天气变化的考验。在水利工程的运行调度过程中，充分考虑可能出现的极端天气，提前制定应急管理预案，完善国家、地方防汛抗旱预案，编制完善主要江河防御洪水方案、大中型水库水电站的防汛应急预案和调度运用计划、蓄滞洪区的运用方案、山洪灾害防治重点地区的防御方案，通过调用水工程进行大旱时期的风险转移，逐步建立规避、控制、分散风险的机制，建立和完善针对突发灾害的应急机制、体制，建设应急管理系统，寻求有效的风险应对措施，提升应急响应速度，保障人民的生命财产安全。

(4) 强化水利工程绿色低碳支撑。有效应对气候变化，实现碳中和、碳达峰目标，对水利工程建设提出了绿色低碳发展新要求，一要进行绿色水利建设；二要发展水电清洁能源。首先，要加快推动绿色水利基础设施建设和运行，完善绿色水利技术标准，从绿色生态的角度重新评估和改造已建水利工程，科学论证新建水利设施。在确保工程安全和发挥工程效益的同时加强生态建设，尽最大可能地减少对周边自然生态环境和人类经济社会带来的不利影响，充分考虑生态环境用水的要求，制定生态流量调度运行方案，推动水利工程绿色、低碳、可持续发展。此外，大力发展水利工程、开发利用水电能源作为发展低碳经济的重要内容，是我国统筹经济发展与应对气候变化的根本途径和战略选择。大力推进农村水能资源开发，加快小水电代燃料工程和水电农村电气化建设，完善技术标准体系，进行小水电清理整改工作，实施小水电增效减排工程，建立健全小水电生态流量监管长效机制，优化农村能源结构，减少林木砍伐，减少碳排放，促进低碳经济的水利发展模式建设。

第5章

水资源风险影响的社会应对

水资源风险的影响广泛且持久，自然水资源风险和人为水资源风险叠加，常态水资源风险和突发水资源事件风险并存。随着人类对自然、社会生活的干预范围和深度的扩大，政府和企业的决策和行为成为水资源风险的主要来源之一。政府、社会组织、企业和公众作为利益相关者共同面对水资源风险的影响，应在各自履行社会责任的基础上共同发挥作用防控水资源风险。按照政府主导、市场补充、社会共担的全社会参与框架，借助现代治理理念、机制和手段，完善水资源风险防控的政府协调应对机制，加强宣传教育与舆论引导，建立社会分担机制，建立健全流域和区域联防联控机制，完善水资源风险事件应急响应机制，将良性水治理嵌入水资源风险防控机制，全面提高水资源风险影响的社会应对能力，对积极构建防微杜渐和突发事件相结合的水资源风险管理机制、提高现有和新型水资源风险应对能力、形成水资源风险防控长效机制具有重要意义。

5.1 政府协调应对机制

我国涉水管理部门较多，水环境监测、排污总量控制、湖泊湿地管理、地下水监测和管理等领域存在部门职责界限不清或协调不畅等问题，导致各部门出台涉水法规、政策、规划的协调时间长，部分争议难以解决。鉴于水资源风险防控对保障国家经济社会可持续发展、水资源可持续利用、生态环境保护的重要性，可结合目前体制机制特点，积极探索建立水资源风险防控协调机制。

加强涉水部门间充分协调，加快国家和部门水安全风险政策的制定和协调，主要包括：协调流域和区域经济社会发展布局、产业结构、城乡建设、重点行业发展与水资源风险防控相关的政策与规划；围绕重大战略布局、重大项目推进，统筹协调水资源和水环境承载力、用地指标等；协商解决水利、生态环境、能源、城镇化等重点领域水资源风险重大问题。

5.2 宣传教育与舆论引导

政府和企业是水资源风险的主要产生者和控制者，社会组织、企业和个人对水资源风险的态度、风险承担能力是政府制定和完善水安全政策、作出重大决策的重要依据。目前全社会对水资源安全的重要性普遍认识不足，对未来水安全态势、变化环境和新形势对水资源安全的影响、将来能否承担得起水资源风险等的基本判断尚不清晰。我国正处于经济快速发展的社会转型期，突发水资源风险事件高发，宣传教育与舆论引导是突发水资源风险事件处置的关键环节，政府舆论引导对日常舆情反应迟缓、导向关注偏少、监督重视不足，对后续宣传缺失，对新闻报道内容监管不足，对媒体重视不够，可能影响社会稳定和政府公信力。加强宣传教育与舆论引导，使水资源风险防控具有广泛的群众基础和正确的舆论导向，是提高水资源风险防控能力的重要措施。

5.2.1 水资源风险防控的宣传教育

从政府治水的路线、方针和政策以及保障弱势群体利益等方面加强日常思想引导。加强基本国情水情教育，将水情教育纳入国民教育体系和干部教育培训体系，引导公众正确认识我国基本国情水情和国内外形势，正确对待由水引发的社会问题和社会矛盾。加强惠民水工程宣传，引导公众了解政府促进社会公平、应对水资源风险的努力。加强社会利益观教育，控制突发水资源风险事件的负面影响。加强人水和谐、可持续发展的理念宣传，把水资源节约保护和水安全意识贯穿到生产、生活和具体工作中。加强全社会水资源风险文化培育，政府及相关机构加强宣传教育，培养全社会水资源风险意识，营造良好的科学认识和应对水资源风险的社会环境。

5.2.2 对水资源风险事件的舆论引导

尊重公众知情权、媒体报道权，做好政府信息公开。牢牢坚持正确的舆论导向，创新方法手段，从水资源风险防控工作的全局出发，切实提高新闻舆论的传播力、引导力、影响力、公信力。

（1）加强政府内部系统的舆论引导。尊重真实性，增强针对性和实效性。坚持正面宣传为主，澄清谬误、明辨是非。批评性报道要事实准确、分析客观。既准确报道个别事实，又宏观把握和反映事件或事物的全貌。加强政府工作人员的新闻素养培养，加强新闻工作者队伍的水资源风险科学知识普及。建立突发水资源风险事件舆论引导预案。加强政府门户网站建设，将政府门户网站打造成更加全面的信息公开平台、更加权威的政策发布解读和舆论引导平台、更加及时的回应关切和便民服务平台。

（2）加强对公众的舆论引导。加强政府信息公开，做到事发时政府第一时间发布信息，合理引导舆论。及时捕捉由于信息传递缺失而导致的错误舆论散布，适时进行舆论引导，稳定民众情绪避免社会恐慌。事后积极利用舆论引导进行灾后重建，加强灾后心理引导，保障民众心理健康，维护社会稳定。

（3）加强对媒体的舆论引导。政府在突发水资源风险事件发生后第一时间召开新闻发布会，及时提供突发水资源风险事件权威信息全景。完善新闻发言人制度。利用传统媒体滚动发布信息，跟踪报道政府处理进度，增加公众对政府的信任感。主动有效利用空前发展的新媒体（网络）传播优势，在舆论形成初始阶段消除公众片面和不确定性的认识；建立健全网上新闻发布制度，让准确、正面的声音主导网上舆论；深入开发并利用网络互动功能，及时获取公众关注度，加强与公众的交流，进行有效合理引导；引导公众通过网络参与水公共事务管理，将网民言论当作改进工作的推动力，采纳合理建议。

世界水日、中国水周宣传主题见专栏 5.1。

专栏 5.1

世界水日、中国水周宣传主题

为了唤起公众的水意识，共同关注和探讨因水资源需求上升而引起的全球性水危机问题，“世界水日”“中国水周”主题宣传活动应运而生。联合国于 1977 年召开的“联合国水事会议”上向全世界发出严重警告：水不久将成为一个深刻的社会危机。1993 年 1 月 18 日，第 47 届联合国大会通过决议，将每年的 3 月

22日定为“世界水日”。中国为解决水资源问题，提高全社会对水资源的关心、爱惜、保护意识，相应提出了“中国水周”。1988年《中华人民共和国水法》颁布后，水利部确定每年7月1—7日为“中国水周”，后为了宣传活动更加契合突出“世界水日”的主题，从1994年开始，把“中国水周”的时间改为3月22—28日。在“世界水日”与“中国水周”发展进程中，人类与水资源和谐共处的生态思想逐渐体现，显示在世界范围内人与自然和谐相处的理念逐渐深入人心。

“世界水日”宣传主题紧密结合时代发展，在20多年的发展进程中从人类需水、用水到合理用水、科学护水，体现了在人类社会发展进程中对水资源的意识形态逐渐由简单到复杂，从纯粹需求到科学发展的趋势。从最早提出的“关心水资源是每个人的责任”（Caring for Our Water Resources，1994年）、“女性和水”（Women and Water，1995年）、“为干渴的城市供水”（Water for Thirsty Cities，1996年）、“水的短缺”（Is There Enough，1997年）等强调人类对水影响作用的主题到近年来“不让任何一个人掉队”（Leaving No One Behind，2019年）、“水与气候变化”（Water and Climate Change，2020年）、“珍惜水、爱护水”（Valuing Water，2021年）等强调人类与自然和谐共处的话题，可以看出国际社会用发展的眼光看待未来人水关系，以科学的态度面对如今由人类引起的诸多水资源问题。通过组织“世界水日”活动，加强各国政府、国际组织、非政府机构和私营部门的参与和合作，合力共建水资源保护及管理新格局。

“中国水周”宣传主题始终与政府宏观水资源的政策息息相关，在政府领导下水资源发展总体朝着为民生、为自然的方向前进。从最初的“依法治水，科学管水，强化节水”（1996年）、

“水与发展”（1997 年）、“依法治水——促进水资源可持续利用”（1998 年）、“江河治理是防洪之本”（1999 年）到如今的“实施国家节水行动，建设节水型社会”（2018 年）、“坚持节水优先，强化水资源管理”（2019 年）、“坚持节水优先，建设幸福河湖”（2020 年）、“深入贯彻新发展理念，推进水资源集约安全利用”（2021 年）。显示中国政府以发展的眼光看待水资源，通过多方位、持续性的政策目标开展符合当下水资源发展的治理和保护措施，强调水资源与人类发展中的相互协调、相互促进，坚持经济发展与自然和谐共处，以绿色发展理念贯彻中国水资源发展全程。

5.2.3 鼓励公众参与水资源风险防控

鼓励公众积极参与水资源风险识别、风险评估、风险防控的风险管理流程各个环节。依法建立健全水资源环境信息公开制度体系，建立水资源、水环境、水生态、水灾害、水管理信息的发布平台，保障公众对水资源开发、利用、保护和管理信息的知情权。健全举报、听证、舆论和公众监督等制度。建立水资源保护公益诉讼制度。建立健全水生态环境信访维权机制，建立生态保护义务监督员等社会共同监督的机制。建立快速受理处置水环境污染、水生态破坏投诉的机制。鼓励群众及时反映饮用水水源水质变化，及时举报污染饮用水源行为，及时制止违法行为。加快推进独立第三方参与水资源管理全方位深度监督，促使政府和企业更有动力、更有效地进行水资源风险防控。加强社区群众的水灾难教育，加强社区群众自救、互救救援基本技能培训，大大加强公众参与水灾积极预防和减灾工作。水资源保护管理中的公众参与见专栏5.2。

专栏5.2

水资源保护管理中的公众参与

水资源保护管理中的公众参与是指：公众采用各种方式，通过各种途径，根据有关环境政策、环境法规，按环境保护的目标、任务和要求，对一切造成或可能造成水环境污染或破坏的行为提出意见、要求和建议，施加影响，进行监督管理的活动。公众参与水资源管理不同于政府部门的水资源管理，它是水资源管理多元化的表现，是水资源管理体系的重要组成部分，是水资源管理民主原则的具体表现。它对保证国家政策的贯彻执行和环境法规的严格实施，加强污染防治，促进水资源保护和水环境改善都具有重要作用。各国经验普遍证明，将公众参与纳入水资源保护与水资源管理中可以减少与公众的紧张关系，得到公众的理解和支持，更好地保护和利用自然资源，对提高水资源保护管理的正确性和有效性具有十分重要的意义。

公众参与水资源保护管理并不是一个简单、单一的活动，其具体实施需要满足以下四个必要条件。第一，提供公众参与的机会。我国的宪法、环境保护法和其他相关法律对公民参与水资源保护管理的权利作出了明确规定，为公众参与水资源保护管理提供了法律上的依据。第二，公众有较高的水资源保护管理意识。公众需要了解资源、环境与发展的关系，懂得保护资源环境的重要作用，在实际中能做到监督和贯彻执行各项方针、政策、法规和制度。第三，公众及时准确地了解水资源状况。让公众及时了解水资源相关信息，才能及时采取切实有效的措施，或者对政府形成有效监督。第四，保障公众参与途径。各级地方政府和有关环保机构要随时听取公众意见，接受公众监督。建立群众投诉信箱，设立举报热线，接待群众来访，积极地创造公众参与的氛围，保证公众参与水资源保护管理的权利顺利实现。

为提高公众参与程度，强化水资源保护管理中的公众参与，可以从上述提出的四个必要条件出发，相应地从以下四个途径展开工作。第一，制定完善相关法律法规。法律法规制定实施前要充分征询公众意见，此外，在相关立法中应出台具体的公众参与的程序性规定，制定相关的公众参与实施细则，明确公众参与的主体、深度、形式和具体参与方法，保护和加强公众参与水资源保护管理的权益。第二，提升公众水资源保护管理意识。加强公众水资源管理的系统化教育以及公众对于自身参与社会管理权力意识，提升公众对水资源的重视程度及公众对于水资源保护管理的认知程度。第三，完善信息公开机制。充分扩大公众知情权，推动政务公开，实行水资源保护管理重大决策事项公告、公示制度，推动建立重大事项决策前的听证制度，使公众能够做到事前参与和主动参与，督促管理部门依法行政。第四，拓宽公众参与的渠道。完善行政听证、信访制度等现有的公众民意诉求渠道。加强公众利益代表的组织化，让公众真正有机会在水资源保护管理的规划编制、政策制定等方面提供信息和意见，同时监督政策和决策的执行效果，提升公众参与的效力。

5.3 水资源风险社会分担机制

目前我国水资源风险相关社会保障制度还不完善。自环境污染强制责任保险制度在北京、陕西等省（直辖市）开展试点以来，正在环境高风险领域全面实际推行，但由于存在缺乏完善法律制度支撑、保险机制不完善等问题，推广缺乏动力。洪水保险于 20 世纪 80 年代末开始尝试，目前还处于探索阶段。尽管 2015 年中央财政保费补贴型农业保险产品已明确将旱灾列入必保的保险责任，但大多数保险公司不愿承包农业干旱灾害保险。因此，需要进一步引入社会力量，发挥保险等市场机制作用，鼓励商业保险、再保险进入水资源公共安全领域，推动政府救助、社会捐赠和灾害保险有机结合，逐步形成规范合理的水灾害风险分担机制，为应急事件处理提供资金，为后续治理提供支持。

5.3.1 环境损害补偿社会化分担机制

通过建立基金、环境污染责任保险等制度，实现环境损害补偿的社会化分担目标。如为突发性水污染事故的事后处理提供充足资金，使突发性水污染事故应急处理机制获得长远支持，并对造成的水资源损害进行补偿。在重金属行业、石油化工、危险化学品运输等高环境风险领域强力推行环境污染强制责任保险制度。完善环境责任强制保险的相关法律法规和配套制度。培养环境责任强制保险的人才和创新技术，提高保险公司承保能力。各级环保部门加强对企业的监督监管力度，加强环境责任保险在运行过程中出现问题的监管。生态环境损害赔偿制度的相关介绍见专栏 5.3。

专栏 5.3

生态环境损害赔偿制度的相关介绍

生态环境损害赔偿制度作为生态文明制度体系的重要组成部分，受到党中央、国务院的高度重视。党的十八届三中全会明确提出对造成生态环境损害的责任者严格实行赔偿制度。2015年，中共中央办公厅、国务院办公厅印发《生态环境损害赔偿制度改革试点方案》（中办发〔2015〕57号），在江苏等7个省（自治区、直辖市）部署开展改革试点，并取得明显成效。为进一步在全国范围内加快构建生态环境损害赔偿制度，自2018年1月1日起，在全国试行生态环境损害赔偿制度。进一步明确生态环境损害赔偿范围、责任主体、索赔主体、损害赔偿解决途径等，形成相应的鉴定评估管理和技术体系、资金保障和运行机制，力争在全国范围内初步构建责任明确、途径畅通、技术规范、保障有力、赔偿到位、修复有效的生态环境损害赔偿制度。

生态环境损害，是指因污染环境、破坏生态造成大气、地表水、地下水、土壤、森林等环境要素和植物、动物、微生物等生物要素的不利改变，以及上述要素构成的生态系统功能退化。发生以下三种生态环境损害情形时需要进行赔偿：发生较大及以上突发环境事件的；在国家和省级主体功能区规划中划定的重点生态功能区、禁止开发区中发生环境污染、生态破坏事件的；发生其他严重影响生态环境后果的，生态环境损害赔偿的范围包括清除污染费用、应急处置费用、监测检测费用、生态环境修复费用、生态环境修复期间服务功能的损失、生态环境功能永久性损害造成的损失，以及生态环境损害赔偿调查、鉴定评估等合理费用。建立健全生态环境损害赔偿制度，由造成生态环境损害的责任者承担赔偿责任，修复受损生态环境，有助于破解“企业污染、群众受害、政府买单”的困局，保护和改善人民群众生产、生活环境。

依据生态环境损害赔偿制度，生态环境损害赔偿工作内容从以下六点展开。

（1）启动调查和评估。对涉嫌生态环境损害事件的，立即组织开展生态环境损害调查，同时委托鉴定评估机构开展鉴定评估，形成调查报告及鉴定评估意见。

（2）开展赔偿磋商。经调查发现需要修复或赔偿的，根据相关法律规定，赔偿权利人与赔偿义务人依据鉴定评估报告进行磋商，达成赔偿协议。

（3）完善赔偿诉讼规则。建立健全诉前证据保全、先予执行、执行监督等制度，探索多样化责任承担方式。

（4）加强生态环境修复与损害赔偿的执行和监督。对修复进行全过程监督，并对修复效果组织评估，确保生态环境得到及时有效修复。建立健全监督机制，公开赔偿款项使用情况及修复效果，接受公众监督。

（5）规范生态环境损害鉴定评估。进一步规范鉴定评估机构选定程序，推动鉴定评估专业机构建设，加强对司法鉴定评估机构的管理。

（6）加强生态环境损害赔偿资金管理。赔偿义务人自行修复或委托修复的，前期开展生态环境损害调查、鉴定评估以及修复效果后评估等费用由赔偿义务人承担；委托社会第三方机构修复的，修复费用由赔偿义务人向委托的社会第三方机构支付；赔偿义务人造成的生态环境损害无法修复的，赔偿资金作为政府非税收入。

5.3.2 干旱风险分担机制

按照“谁受益谁出资，多收益多出资”原则，探索向水资源风险防控受益地区、部门、行业及利益集团征收水资源风险基金，用于水资源短缺期的抗旱、受灾区补偿、农业损失等。在科学论证的基础上，推进缺水地区建立水权交易市场，使需水方把水资源短缺风险部分转移到供水方。探索对水资源短缺风险进行投保，探索农业干旱灾害保险与再保险、农业干旱灾害风险保障基金等风险分担机制，研究国家对承担农业干旱灾害保险与再保险业务的保险公司实行费用补贴与税收减免政策。

5.3.3 巨灾风险分散机制

水灾害风险可分为一般风险和巨灾风险。针对地震、台风和洪水引发水基础设施崩塌、高污染风险企业泄漏等，建立健全巨灾保险制度和法规体系，探索开展水资源领域巨灾保险试点、完善巨灾再保险市场、试行巨灾证券化、成立巨灾基金。探索开展水基础设施保险，加强对水库、污水处理厂、海水淡化厂、排水排污管网等水基础设施的施工保障和财产保障。有关国际巨灾保险制度的介绍，参见专栏 5.4。

专栏 5.4

国际巨灾保险制度比较

——以洪水保险制度为例

国际上主流洪水保险模式有三种：一是政府主导模式。以美国国家洪水保险计划为典范，美国政府直接提供洪水保险并承担最终保障，国家设立专门管理机构和洪水保险基金，根据洪水风险图制定的洪水保险费率图现已覆盖全国，并根据环境和防洪工程条件的变化不断修改，使洪水保险成为加强洪泛区管理的重要强制性手段，避免洪水高风险区盲目开发。二是市场主导模式。

以英国洪水保险制度为典范，完全由私营保险公司提供洪水保险，进行商业化运作和管理，市场竞争程度高，保险成本较低，投保率较高，高度依赖再保险。三是协作模式。以法国洪水保险制度为典范，政府制定洪水保险政策和提供资金支持，由私营保险公司运营运作洪水保险，政府和市场共同承担巨灾风险，政府利用再保险规避商业保险公司的巨灾风险，建立较完备的洪水风险分散体系。上述洪水保险模式都有各自优劣，也在不断完善之中。

5.3.4 气候变化风险分担机制

探索逐步建立气候变化带来的极端气候事件灾害风险分担转移机制，明确家庭、市场和政府在风险分担方面的责任和义务，构建以政府为统领、家庭为主体、市场积极参与的风险分担体系。建立社会保险、社会救助、商业保险和慈善捐赠相结合的多元化灾害风险分担机制。探索建立健全由灾害保险、再保险、风险准备金和非传统风险转移工具所共同构成的金融管理体系风险分担和转移机制。关于农业大灾保险的示例参见专栏 5.5。

专栏 5.5

关于农业大灾保险

为进一步增强农户防范和应对农业大灾风险的能力，推动农业保险高质量发展，我国开展了农业大灾保险试点工作，并逐步扩大试点范围，探索建立可推广的农业大灾保险模式。2017 年 4 月 26 日，国务院常务会议提出，在粮食主产省开展提高农业大灾保险保障水平试点，助力现代农业发展和农民增收。同年5月17日，财政部发布《关于在粮食主产省开展农业大灾保险试点的通知》（财金〔2017〕43号），将在河北、河南、山东等13个粮食主产省份选择200个产粮大县，面向适度规模经营农户开展农业大灾保险试点，试点保险标的首先选择关系国计民生和粮食安全的水稻、小麦和玉米三大粮食作物。2019年2月19日，中央1号文件《关于坚持农业农村优先发展做好“三农”工作的若干意见》发布，提出要进一步扩大农业大灾保险试点。同年10月，发布《财政部关于扩大农业保险大灾试点范围的通知》（财金〔2019〕90号）。进一步扩大大灾保险试点范围，将200个试点县扩大至500个试点县，其中黑龙江、河南、山东各增加30个试点县。

农业大灾保险是指在农业生产过程中因遭受大规模自然灾害造成一定区域内大面积农产品受损而为农业生产者提供保障，围绕提高农业保险责任范围、保障额度和赔付标准的综合性专属农业保险业务，它对稳定农业生产经营、提高农业生产能力、弥补自然灾害造成的严重损失和稳定国民经济发展等具有重要作用。农业大灾保险与普通农业保险灾害灾因相同，但损失程度更大，赔付金额更高。农业大灾保险的试点与推广，是创新农业救灾机制、完善农业保险体系的重要举措，能够避免农业因天气而导致的部分损失，降低了农民家庭因灾返贫的可能性，带动农业产业扶贫，建立农业增收、农户脱贫致富的长效机制。加大对适度规模经营农户的农业保险支持力度，进一步增强其防范和应对大灾风险的能力，有利于农业发展转型，引导农业生产向规模化、集约化发展。

2018年中央1号文件提出：探索开展稻谷、小麦、玉米三大粮食作物完全成本保险和收入保险试点，加快建立多层次农业保险体系，为中国农业大灾保险的发展路径指明了前进方向。首先，要继续推进农业大灾保险先期试点工作。从先期试点地区发现问题，积累经验，为全国范围内开展农业大灾保险提供有效样本。其次，深入探索完全成本保险和收入保险模式。完全成本保险从补偿其直接物化成本扩大到补偿包括地租等在内的完全成本，加大了对农业大灾生产损失的补偿。在成本保险的基础上，中国农业大灾保险未来要考虑纳入价格风险，增加收入保险，增大对农业大灾的赔付标准。最后，加快构建与完善多层次农业保险体系。采取补贴资金多形式兑付、一站式服务、大数据和人工智能分析等现代化发展手段，引入涉农企业发行上市、新三板挂牌和融资、并购重组等资本市场因素，扩大农业风险保障形式，构建多层次的农业保险体系。

5.4 流域和区域联防联控机制

鉴于水体流动性和水资源多属性，水资源风险防控涉及上下游、左右岸各地区和政府各相关部门。近年来，我国在跨省界流域水污染联防联控方面进展较快，水资源调度、水源地保护、水生态修复等方面流域和区域联防联控合作机制总体而言较弱。未来应突破地区封闭和“条块分割”，坚持地区间、部门间协作，推进建立流域与区域、城乡协同的治理模式，以高水资源风险地区为重点，建立完善监测和预警、信息沟通与通报、联席会议、突发水资源风险事件应急联动、跨界水纠纷协调处理、统一规范治理和监管、联合执法等联防联控长效机制，有效防控水资源风险。

5.4.1 供水安全联防联控

为保障枯水期、特枯干旱年和连续干旱的城乡供水安全，保障饮用水安全，要加强工程性缺水地区、贫困山区等地区供水基础设施建设，加强应急备用水源工程建设，促进城市多水源互连互通，加强应对极端干旱的战略储备水源建设，加大再生水、雨洪水等非常规水源利用力度，加强需水管理，有效提高流域和区域水资源调配水平和调度能力。

5.4.2 水污染联防联控

水污染严重和水生态环境脆弱敏感流域的上下游地方政府建立水污染联防联控机制（见专栏5.6），定期召开水利、生态环境等部门参加的联席会议，加强水情水质监测和通报、闸坝防污调度、饮用水水源地污染、污染源限排、突发性水污染事件应急处置、信息共享的统筹协调，推进枯水期、汛前和突发污染事故的跨界联防联控，减轻上游对下游、支流对干流污染水体下泄的水质影响，确保水质达标。制定突发水污染风险流域联防联控管理办法，由流域管理机构及上下游各省市协商共同建立完善跨界联合监测、统一调度、联合执法、信息共享和风险应急、协调处理等流域与区域联动机制。

专栏5.6

我国流域水污染联防联控

为加强以流域为单元的水污染防治，改善流域水环境质量，有效预防与处置跨省界水污染纠纷，生态环境部出台《关于预防与处置跨省界水污染纠纷的指导意见》（环发〔2008〕64号），部分水污染严重和矛盾突出流域和地区也相应制定流域水污染联防联控合作协议和工作方案，建立长效工作机制，形成治污合力。

流域水污染防治联防联控机制一般包括定期联席会商、信息互通共享、联合采样监测、统筹水量调度、联合执法监督、敏感时期联合预警、协同应急处置、协调处理纠纷等。

已有的跨省流域水污染联防联控机制包括但不限于：京津冀建立水污染突发事件联防联控工作机制；泛珠三角地区湘粤两省签订跨界河流水污染联防联控协作框架协议；上海、浙江、江苏和安徽建立长三角区域水污染防治协作机制；为改善鹤地水库水环境，广东和广西签署《九洲江流域跨界水环境保护合作协议》，在此基础上，湛江和玉林两市再签订《跨界流域水污染联防联治合作框架协议》，建立了省市两级合作机制；甘肃和青海建立湟水河流域水污染防治联防联控机制；为切实改善葫芦河、渝河等跨界河流水质，甘肃和宁夏建立跨界河流水污染联防联控机制。

已有的省级流域水污染联防联控机制包括但不限于河南省建立流域水污染防治联防联控制度，贵州省建立乌江流域污染联防联控工作机制。

5.4.3 水生态保护联防联控

建设江河湖泊生态监测预警体系，开展水生态系统背景状况调查，实施河湖生态风险和健康评估。以流域为单元，实施山水林田湖草沙一体化治理，打造贯穿行政边界、连接山区和平原、沟通陆地和海洋的绿色生态廊道，保障重要敏感河湖湿地生态用水，加强水土保持和水源地保护，修复自然恢复力，提高水生态风险防控能力。河湖长制的相关介绍见专栏5.7。

专栏5.7

关于河湖长制

河湖长制是在我国“九龙治水”的现有水资源管理体制权力配置格局下，因时而动、应运而生的一项重大改革战略。为有效地促进多家职能部门之间的协调与配合，形成多部门、多层级的联动机制，2016年12月，中央下发《关于全面推行河长制的意见》(厅字〔2016〕42号)，明确提出在全国范围内建立河长制。

河湖长制即河长制、湖长制的统称，通过由各级党委政府、人大、政协的领导分级担任每一条河的河长或者湖长，负责组织领导相应河流、湖泊的管理和保护工作。河湖长制以保护水资源、管护水域岸线，修复水生态和强化执法监管为主要任务，将原先松散的涉水部门整合成一个层级严密、分工明确的组织体系，实现集中管理，大大加强了对河湖问题的整治力度。通过构建责任明确、协调有序、监管严格、保护有力的河湖管理保护机制，为维护河湖健康生命、实现河湖功能永续利用提供制度保障。河湖长制是落实绿色发展理念、推进生态文明建设的内在要求，是解决我国复杂水问题、维护河湖健康生命的有效举措，是完善水治理体系、保障国家水安全的制度创新。

河湖长制工作内容包括六个方面。一是加强水资源保护，全面落实最严格水资源管理制度，严守“三条红线”；二是加强河湖水域岸线管理保护，严格水域、岸线等水生态空间管控，严禁侵占河道、围垦湖泊；三是加强水污染防治，统筹水上、岸上污染治理，排查入河湖污染源，优化入河排污口布局；四是加强水环境治理，保障饮用水水源安全，加大黑臭水体治理力度，实现河湖环境整洁优美、水清岸绿；五是加强水生态修复，依法划定河湖管理范围，强化山水林田湖系统治理；六是加强执法监管，严厉打击涉河湖违法行为。

在党中央的高度重视和统筹领导下，全面推行河湖长制工作进展迅速、成效显著，河湖长制的组织体系已基本全面建立。截至2018年6月底，全国31个省（自治区、直辖市）全面建立河长制，成立了河湖长制办公室，承担河湖长制的日常工作，共明确省、市、县、乡四级河长30多万名。配套制度全部出台，建立了河长会议制度、信息共享制度、信息报送制度、工作督察制度、考核问责与激励制度、验收制度，各级河长开始履职，党政领导上岗，百万河长上榜。2021年5月31日，水利部印发《全面推行河湖长制工作部际联席会议工作规则》《河长湖长履职规范（试行）》等，进一步对河湖长制的推进工作进行了明确部署。

5.5 水资源风险事件应急响应机制

为应对各类突发公共事件，国家到各级政府设立各类应急预案，建立应急响应机制，努力使损失减到最小，现已逐步形成以"一案三制"（应急预案，应急管理体制、机制、法制）为核心内容的应急体系。涉水领域应急响应主要体现在防汛抗旱、城市供水、突发水环境事件以及可能对河流水系和水基础设施产生重大影响的地震、突发地质灾害、台风等方面。随着各地涉水灾害事件的发生，暴露出我国水资源风险事件应急管理的薄弱环节。面对突发事件，个别地方、个别领导有时仍以经验式管理为主，尚未做到完全根据事态自动启动应急响应，实现标准运行。灾后评估一般围绕地震、洪涝灾害进行灾情、灾害损失评估，为救灾减灾和灾后重建提供依据，灾害应急本身的后评估工作仍显不足。因此，需要进一步完善水资源风险事件应急预案体系，提升水资源风险事件应急和救援能力，并加强水资源风险事件应急后评估。我国应急预案体系的有关介绍参见专栏5.8。

专栏5.8

我国应急预案体系

自2007年国家出台《中华人民共和国突发事件应对法》，我国应急预案体系逐步形成。应急预案体系一般由综合应急预案、专项应急预案和现场处置方案组成，在部门和地方层面也制定相应的应急预案。

(1) 综合应急预案从总体上阐述事件/事故的应急方针和政策、应急组织结构及相应应急职责、应急行动、措施和保障等基本要求和程序，是应对各种事故的综合性文件。国务院发布了《国家突发公共事件总体应急预案》，国务院各有关部门已编制了国家专项预案和部门预案，各省（自治区、直辖市）省级突发公共事件总体应急预案均已编制完成，很多地方政府也编制了突发公共事件总体应急预案。

(2) 专项应急预案是针对具体的事故类别、危险源和应急保障而制定的预案，明确救援程序和具体的应急救援措施。国家专项应急预案包括自然灾害救助应急预案、防汛抗旱应急预案、地震应急预案、突发地震灾害应急预案等。

(3) 现场处置方案是针对具体的装置、场所或设施、岗位所制定的应急处置措施。现场处置方案应具体、简单、针对性强，应当包括危险性分析、可能发生的事故特征、应急处置程序、应急处置要点和注意事项等内容。现场处置方案应根据风险评估及危险性控制措施逐一编制。

5.5.1 水资源风险应急预案体系

应急预案是针对灾害预先制定的对策和措施，是灾害发生后指挥部门实施指挥决策的依据。按照分类分级体系、完善防御对策并完善预案修订制度，加快推进有关水资源风险应急预案体系建设。

（1）分类分级编制应急预案。针对同一类水资源风险，不同事件的严重程度和影响范围存在差异，宜分级设置应急预案。明确启用不同级别应急响应的判别条件，确定不同应急响应下救灾工作的控制调度、防御对策、人员物资配置等。增强应急预案的针对性。

（2）建立全面的灾情防御对策。针对干旱应急事件，制定抗旱应急指挥机构指挥调度方案和旱情灾情实时监测方案；制定水资源应急调度方案，加强对本地地表水、地下水和外调水统一管理，及时补充水源；制定水资源应急配置方案，保障人民生活基本需求，分行业进行供水控制，根据行业特征适量削减供水量。针对突发水污染事件，确定应急监测方案，制定供水设施运行方案，明确不同污染程度下供水设施的运行规则，制定供水应急方案，明确在部分供水水源地无法供水时水资源的供给与配置方案，分析不同水污染事件发生时需要采取的污染控制工程措施，制定筑坝封堵、拦截、分流等应急工程措施的实施方案。

（3）完善应急预案修订制度。水资源风险事件相关预案实施后，有关部门组织预案宣传、培训，强化预案演练，并根据应急预案依据的法律、法规或上级规定有关变化等实际情况，适时组织评估和修订。地方各级人民政府要结合城乡发展格局调整、工业产业布局调整、河流近期治理、饮用水水源地调整、应急组织指挥体系或部门职责调整等当地有关情况变化，适时修订应急预案，提高预案的针对性和可操作性。对应急预案实施情况进行跟踪分析和监督检查，将评估结果报主管部门纳入预案修订的依据。

抗旱应急预案的有关介绍参见专栏5.9。

专栏5.9

关于抗旱应急预案

抗旱预案是在现有抗旱能力条件下，针对不同等级、程度的干旱而预先制定的对策和措施，是各级防汛抗旱部门实施指挥决策的依据。抗旱预案是国家突发公共事件预案体系的重要组成部分，属于突发事件专项应急预案范畴。按照抗旱工作范围、目标、任务和措施，抗旱预案分为总体抗旱预案和专项抗旱预案两大类。其中，总体抗旱预案用于指导区域内抗旱工作，涵盖城乡生活、生产和生态等方面，包括行政区总体抗旱预案和流域总体抗旱预案；专项抗旱预案包括城市、生态、行业（部门）、重点工程专项抗旱预案以及抗旱应急水量调度预案。

抗旱预案对适应新时代抗旱工作需要，促进抗旱工作由以农业抗旱为主的单一抗旱向城乡生活、生产和生态全面抗旱转变，推动抗旱工作规范化具有重要意义。通过制定抗旱预案，能够提高政府抗旱工作的主动性，做好干旱灾害的防范和处置，加强防旱抗旱措施，提高抗旱救灾处置能力，在突发干旱事件发生时有计划、有针对性地采取相应的抗旱措施，保障抗旱救灾工作高效有序进行，最大限度减轻旱灾的影响，减少旱灾带来的生命财产损失。从而实现科学抗旱减灾，维护城乡居民生活、生产用水秩序，维护社会稳定及经济社会的可持续发展。

根据《抗旱预案编制导则》（SL 590—2013），抗旱预案的主要内容一般包括总则、基本情况、组织指挥体系及职责、监测预防、干旱预警、应急响应、后期处置、保障措施、宣传培养与演练等。第一，总则部分明确抗旱预案的编制目的，确定抗旱预案的编制原则，确定编制抗旱预案所依据的法律、法规、技术标准及相关规划，并确定其适用范围；第二，基本情况部分总结自然地理情况、经济社会情况、水资源及开发利用概况、干旱灾害概况和抗旱能力；第三，组织指挥体系及职责部分明确指挥机构及其成员单位，同时明确以上单位及其办事机构在抗旱工作中的职责分工；第四，监测预防部分明确旱情信息的监测内容、监测单位以及监测的方式方法，明确旱情信息报告与处置程序，同时明确旱情发生前的预防措施；第五，干旱预警部分明确干旱预警指标及启动条件，并明确干旱预警发布单位、内容、方式、范围；第六，应急响应部分明确干旱应急响应等级及启动条件、启动程序，并根据应急响应的等级，明确分级的响应行动措施和要求，同时明确旱情得到有效控制时，需要宣布结束应急响应或降低应急响应等级；第七，后期处置部分明确旱情缓解后恢复生产和生活的措施及要求，明确应急响应结束后抗旱工作评价的内容和要求；第八，保障措施部分明确资金保障、物资保障、抗旱应急备用水源准备、应急队伍保障、技术保障、通信与信息保障以及其他保障措施；第九，宣传培养与演练部分明确对抗旱减灾相关知识进行宣传普及和培训的对象、方式和内容，并明确抗旱应急响应演练目的、方式、内容和规模。

5.5.2 风险事件应对和救援能力

针对救灾反应速度、救灾效率、受灾群众安抚等方面仍存在的不足，从预警预报、联动机制、信息发布、心理援助、保障措施五个方面，进一步提升水资源风险应对和救援能力。

（1）建立完善预警预报机制。明确干旱和突发水污染事件的主要表征因素，确定水资源高风险区域重点监控方案，建立完善的监测体系，确保能够及时发现灾害征兆，准确判断灾害级别，为采取防御措施预留足够的时间。确定信息传递的途径和时间限制，适时完善灾情报告制度及预警发布制度，快速、准确、翔实地传递灾情信息，确保风险事件发生后能够得到迅速处置。

（2）形成联动机制。建立和完善军地协同联动、救援力量调配、物资储运调配等应急联动机制。建立跨部门协调机制，明确主要负责人和各部门在指挥调度中的主要职责，保证风险事件发生后能够快速反应，迅速组织有关部门和人员开展处置或救援工作，使应急预案能够顺利执行。与社区、企事业单位、社会团体、志愿者队伍等社会救灾力量保持密切联系，保证必要时可迅速、广泛地调动社会救灾力量协调有序地参与风险事件的处置。

（3）建立信息发布机制。对各类水资源风险事件信息发布实行分级负责制，由各级救灾指挥机构审核灾情信息，主动向社会发布一般公众信息。明确信息的发布形式，通过广播、电视、网络等多种途径及时发布灾情讯息。及时发布需要公众配合采取的措施与公众防范常识，引导群众自救与救灾，提高风险事件应对救援效率。

（4）全面落实保障措施。明确干旱和突发水污染事件应急在人力、财力、物资、基本生活、医疗卫生、交通运输、治安维护、人员防护、通信、公共设施、科技支撑等方面的需求，制定保障措施并尽快落实，做好储备工作，保证风险事件发生时应急预案能得以顺利实施。

国家应急救援力量体系的相关介绍参见专栏5.10。

专栏5.10

国家应急救援力量体系

2018年，国务院机构改革，成立了应急管理部，通过整合优化应急力量和资源，推动建立健全中国特色应急管理体制，提高防灾减灾救灾能力。当前，我国应急救援力量主要包括国家综合性消防救援队伍、各类专业应急救援队伍和社会应急力量。

（1）国家综合性消防救援队伍主要由消防救援队伍和森林消防队伍组成，共编制19万人，是我国应急救援的主力军和国家队，承担着防范化解重大安全风险、应对处置各类灾害事故的重要职责。在各类灾害事故处置中，国家综合性消防救援队伍当先锋、打头阵、挑重担，承担救民于水火、助民于危难的抢险救援任务。

（2）各类专业应急救援队伍主要由地方政府和企业专职消防、地方森林（草原）防灭火、地震和地质灾害救援、生产安全事故救援等专业救援队伍构成，是国家综合性消防救援队伍的重要协同力量，担负着区域性灭火救援和安全生产事故、自然灾害等专业救援职责。另外，交通、铁路、能源、工信、卫生健康等行业部门都建立了水上、航空、电力、通信、医疗防疫等应急救援队伍，主要担负行业领域的事故灾害应急抢险救援任务。

（3）社会应急力量，目前社会应急队伍有1200余支，依据人员构成及专业特长开展水域、山岳、城市、空中等应急救援工作。另外，一些单位和社区建有志愿消防队，属于群防群治力量。同时，人民解放军和武警部队是我国应急处置与救援的突击力量，担负着重特大灾害事故的抢险救援任务。

此外，为适应“全灾种”救援需要，应急管理部分区域在全国布点建设了27支地震、山岳、水域、空勤专业队，以及2个消防救援搜救犬培训基地，在各省组建了机动支队、抗洪抢险救援队，各地同步组建了246支工程机械救援队、2800余支各类专业队，在边境线组建了6支跨国境森林草原灭火队，在黑龙江和云南分别建设了南、北方空中救援基地，并在拉动和实战中锤炼队伍、磨合机制，提升综合救援能力。

5.5.3 风险事件应急后评估

以重大水资源风险防范、应急救助与恢复重建等防灾减灾救灾决策需求为牵引，加强水资源风险事件应急工作后评估，助力完善应急预案，提高应急能力。

（1）制定灾后评估方案。针对特别重大水资源风险事件，从事件的起因、演化过程、性质和灾害损失等灾情，事件的生态影响、环境影响、社会影响等灾害影响，以及应急工作责任、实施过程、产生效果、经验教训和灾后重建等应急响应方面，科学制定灾后评估方案，指导灾害进行综合调查评估。

(2) 有序推进应急后评估。建立风险事件应急后评估工作机制。在水资源风险突发事件应急工作结束后，根据灾后评估方案，重点对各阶段应急工作进行总结和评估。判断应急预案内容的科学性和可操作性，分析应急预案的实施效率和效果，分析现有应急预案的不足和改进方向。评价所规定准备工作是否到位、是否正确执行应急响应程序和采取合理行动，总结应急措施和经验，强化薄弱环节。

第6章

水资源风险防控制度与技术支撑体系

水资源风险防控制度与技术支撑体系建设是水资源风险防控能力建设的重要保障。目前，我国尚未建立约束对象、内容和措施明确的水资源刚性约束制度，仍未形成系统性、标准化的水资源风险区划成果，水资源风险评价和监督考核制度建设也有较大缺位，各类水资源风险防控关键技术仍需积极攻关。因此，开展我国水资源风险防控制度与技术支撑体系建设，是推动我国水资源防控水平提升的重要内容。水资源风险防控制度与技术支撑体系建设应包括建立水资源刚性约束制度、建立水资源风险区划制度、实施水资源风险动态管理制度、建立水资源风险评价和监督考核制度、完善水资源风险信息公开制度、加强水资源风险防控关键技术研究与应用等方面的内容。

6.1 水资源刚性约束制度

当前和今后一个时期，我国在全面建设社会主义现代化国家进程中面临着水资源短缺的严峻挑战和重大制约，党的十九届五中全会明确提出实施国家节水行动，建立水资源刚性约束制度。水资源刚性约束制度是指导水资源合理开发的准则，是强化水资源保护利用的原则，是有效防控水资源短缺风险的重要手段（见专栏6.1）。

专栏6.1

关于水资源刚性约束制度

水资源刚性约束制度从制度层面对水资源实行刚性约束限制，将经济活动严格约束在水资源承载能力范围内。准确认识水资源刚性约束制度，首先要厘清其概念。“刚性约束”强制性地将人或事严格限制在某一范围内，这种限制是固定的、不可更改的。“水资源刚性约束”就是以水资源作为刚性约束，把符合水资源承载能力约束条件作为各种经济活动的首要条件，必须保证各项经济活动在水资源承载能力边界范围内运行。为实现水资源刚性约束，需要在科学论证、系统谋划的基础上，建立健全“水资源刚性约束制度”，从制度层面对各流域和地区取用水工作提出硬性限制和限定要求，为全面加强江河流域水资源管理工作划定红线、明确底线，全面推动水资源刚性约束工作的开展。

自十九大以来，党中央通过重要讲话和政策文件对水资源刚性约束制度进行了一系列重大战略部署。水资源刚性约束制度是结合我国水资源的新形势、新变化、新情况提出的新任务、新要求，亟须在深入理解的基础上，进行系统谋划和统筹管理，建立健全相关制度体系，倒逼发展转型和结构改革，推动新阶段水利高质量发展。

水资源刚性约束制度对于保障未来国家水安全、实现绿色发展具有重要的现实意义。水资源是未来国家发展中最重要的战略性资源，水资源刚性约束制度通过制定水资源约束指标，科学划分水资源管控分区，定好水资源保护利用的范围边界，解决水资源过度开发利用问题，助力提高流域水资源集约节约安全利用水平，加快推进节水型社会建设，完善水资源配置格局，为有效应对水资源风险、保障国家水安全提供保障。此外，我国社会经济已由高速增长转向高质量发展阶段，绿色发展是必然要求，水资源刚性约束制度坚持以水定城、以水定地、以水定人、以水定产，在保障基本生态用水的前提下，推动以可用水量确定经济社会发展的布局、结构和规模，形成经济社会发展与水资源均衡匹配的新格局，实现经济社会绿色、低碳、可持续发展。

（1）建立水资源刚性约束指标。根据我国南北方水资源禀赋条件的差异，在保障河湖基本生态系统功能的前提下，科学确定流域水资源开发利用上限和河道外引水强度，加快推进江河流域水量分配。统筹生活、生产和生态用水配置，合理确定河湖重要控制断面基本生态流量（水量、水位）保障目标。以避免引发水文地质灾害、实现地下水可持续利用为前提，合理确定地下水超采区、重点防护区地下水水位控制目标。

（2）加强水资源分区管控。水资源分区管控是落实水资源刚性约束要求、深化最严格水资源管理、实现水资源合理配置的基础工作。水资源管控分区要依据水的涵养性、对经济发展的支撑性、生态要素的关键性、水资源储备的前瞻性、水资源调配的可行性进行科学划定。要定期组织开展全国水资源评价工作，掌握水资源本底条件和变化趋势，开展水资源承载能力动态监测分析。要以水资源承载能力评价为基础，提出满足国家安全战略、区域协调发展战略和主体功能区战略，以及符合水资源分区特点和条件的准入管制策略，建立健全水资源管控分区监测预警的长效机制。

（3）健全水资源论证制度。水资源论证是实现以水而定、量水而行的重要手段，是根据水资源条件约束经济社会发展和产业布局、规模和方向的重要制度安排，也是建设项目取水许可审批的支撑条件。2021年3月1日正式施行的《中华人民共和国长江保护法》明确规定，要完善规划和建设项目水资源论证制度。2020年，水利部印发了《水利部关于进一步加强水资源论证工作的意见》（水资管〔2020〕225号），明确提出加强规划水资源论证，严格建设项目水资源论证，推进水资源论证区域评估，进一步发挥水资源在区域发展、相关规划和项目建设布局中的刚性约束作用，满足合理用水需求，坚决抑制不合理用水需求，促进经济社会发展与水资源承载能力相协调，推进生态保护和高质量发展。

（4）实行水资源超载区取水许可限批。要以划定的水资源管控分区为依据，定期开展水资源承载能力评价，动态调整水资源超载地区、临界超载地区的名录清单，水资源超载地区暂停新增取水许可，临界超载地区暂停审批高耗水项目新增取水许可。要加大对水资源超载地区治理修复力度，通过水源置换、产业结构转型、深度节水、价格调控等综合性措施，退减超量、优化存量、严控增量，坚决抑制不合理用水，还水于河，促进水资源可持续利用。

6.2 水资源风险区划制度

开展水资源风险区划是加强水资源风险防控的基础，针对我国干旱和突发水污染事件，基于区域水资源自然禀赋和开发利用情况双重因素，构建覆盖全部国土区域的多层级水资源风险区划，可为开展以水资源风险区划单元为基础的水资源风险防控能力建设提供重要技术保障。

（1）加快出台干旱风险区划标准。随着人类经济社会的迅速发展，加上气候变化的影响，近年来我国北方地区呈现出明显的水资源短缺态势，需要通过调水工程缓解缺水现状。然而未来出现南北同旱的可能性较大，导致供水安全难以保障。日益严峻的缺水局势对干旱风险区划的需求不断增强。在现有研究的基础上，加快出台干旱风险图绘制标准，将研究成果转化成应用工具。基于干旱风险成因、演化过程、承灾群体的暴露性和易损性，识别关键控制因素，规范干旱风险值计算方法，判断不同级别干旱可能影响的范围，最终形成干旱风险图绘制标准。地方相关部门需做好基础资料的收集整理工作，为干旱风险图的绘制奠定基础。在干旱风险图绘制标准出台后，大力推进干旱风险图绘制工作，为抵御旱灾提供技术依据。干旱风险区划的相关介绍见专栏 6.2。

专栏 6.2

关于干旱风险区划

干旱风险区划是依据不同区域干旱风险的特征差异对研究区进行区域划分，以显示干旱风险的区域分异规律。干旱风险区划中的区划一词是区域划分的简称。干旱风险区划是揭示陆地表层区域分异规律的重要手段，它针对不同研究角度的区域差异性将研究区划分成不同地域单元，并按照划分出的地域单元探讨其自然环境特征、发展及分布规律，常见的有自然区划、自然灾害区划、经济区划等。干旱是自然灾害的一种，干旱风险区划依据干旱风险的地域物理特征分异和空间分布规律，从成因的角度在地图上划分出干旱风险程度不同的区域，并论述各区域的干旱风险特征，用以揭示干旱风险的区域分异规律。在干旱风险区划中，同一区域具有相似的干旱风险发生频率和强度，不同区域的地区干旱风险发生频率和强度存在差异。

干旱风险区划对提升水文生态方向的科学认识和指导未来国家防旱抗旱的工作实践具有重要意义。在科学认识上，干旱风险区划从分析形成干旱风险的主要影响因子出发，揭示不同因子的区域物理特征和空间分布规律，为水文生态要素的时空分布、水文过程的区域表征、生态环境变化的区域响应等研究工作提供宏观区域背景和框架。在应用实践上，干旱风险区划是国家防旱抗旱工作的必要前提，通过在全国范围内进行干旱风险区划，直观地显示出我国干旱风险特征及空间分布特点，可为国家防旱减灾工程规划的制定、抗旱应急水源工程布局、国家抗旱投入方向的确定、土地退化防治与生态建设、区域可持续发展战略的制定等干旱风险管理和水资源规划设计管理工作提供理论指导。

为了更好地进行干旱风险研究、指导国家防旱抗旱工作，需要运用科学合理的分析过程准确地开展干旱风险区划。干旱风险区划可通过以下三部分展开：第一，收集数据资料。广泛收集翔实准确的降水、径流、土壤水等水文气象资料和人口、GDP、农作物面积等社会经济资料。第二，进行干旱风险评估。利用上述数据量化测评各种干旱风险因素可能发生的概率和损失程度，从干旱危险度量、抗旱能力评估、干旱损失评估三个方面展开干旱风险评估。第三，划分干旱风险区划单元。根据干旱风险评估的结果，在保证满足区域内相似性和区域间差异性、客观性、协调性、最小单元完整性四大原则的基础上，将研究区划分成不同强度干旱风险等级的地域单元，从而得到准确可信的干旱风险区划，为我国的干旱研究和抗旱工作提供依据。

（2）加快出台突发水污染事件风险区划标准。在现有水污染风险评价相关标准的基础上，结合相关研究成果，推进突发水污染事件风险区划标准编制工作，力求尽快出台风险区划标准，指导突发水污染事件风险区划工作的实施，为突发水污染事件应对提供技术依据，提高水资源风险应急能力。加强日常环境监测，并对可能导致突发水污染事件的风险信息进行收集、分析和研判，开展水污染风险评估，为突发水污染事件风险区划工作的实施打下基础。

6.3 水资源风险动态管理制度

水资源风险防控管理是一项长期的、复杂的系统工程，要根据形势发展变化，通过定期、不定期检查，适时制定、调整和完善水资源风险防控措施，根据动态变化适时调整预警指标和风险等级，确定不同阶段水资源风险管理的最佳干预时机，科学实施水资源风险防控动态管理。实施水资源风险动态管理包括以下几个方面：

（1）开展基于单一水资源风险事件过程的动态管理。针对单一水资源风险事件过程，通过系统跟踪风险事件孕育、发生、发展以及结束的全过程，动态评估风险事件的影响程度和发展方向，根据不同阶段风险防控的目标，并结合水资源供用耗排、水资源开发利用节约保护、项目规划设计建设管理等各阶段的工作内容，不断通过风险识别、风险分析、风险响应和风险控制等程序，对水资源全过程、全方位进行风险管理，制定最优的风险管理策略，并根据事件发生发展的过程进行动态调整和优化，避免单一决策所带来的不确定性和风险，确保风险事件损失的最小化。

（2）开展基于区域整体水资源风险状态变化的动态管理。降低区域整体水资源风险水平是开展水资源风险防控的根本任务，也是水资源风险管理的核心目标。基于区域整体水资源风险状态变化的动态管理，应将风险管理对象定位在区域风险整体上，对区域整体风险程度进行跟踪评价，动态评估区域水资源风险整体水平，识别当前面临的风险主体，同时进行科学预测与研判，对防控措施、内部管理及外部因素等相关的各类风险进行定期和不定期的排查和评估，制定科学、合理的水资源风险防控策略，并适时地进行动态调整，以应对不同风险周期、不同节点水资源风险的变化，确定相关风险防范重点，提出应对改进措施。

（3）定期开展水资源风险评估与预警。定期开展全国水资源、水环境承载力评估和预警。根据水资源来水变化、经济社会发展态势、取用水和排水排污动态、水生态环境演变等，从资源安全、饮水安全、供水安全、水环境、水生态、水灾害、水管理等方面，对国家、流域、区域水安全状况进行定量定性的分析和评估。在水安全评估的基础上，结合水安全阈值分析，开展水资源风险评估和预警，及时评估和权威发布水资源风险状况，促进制订有针对性的水安全工作计划。

6.4 水资源风险评价和监督考核制度

建立我国水资源风险评价和监督考核制度是加快形成统一的

社会化水资源风险防控意识的重要措施，是从制度上建立的对参与水资源风险管理者的核心约束，将有利于推动各级政府重视水资源风险防控工作，调动全社会的力量开展水资源风险防控建设。

（1）推动建立水资源风险评价标准化体系。水资源风险评价是在风险识别、风险分析的基础上，评估水资源风险对各类受体可能产生的影响，以及确定风险的重要性水平的过程。水资源风险评价体系的标准化是水资源风险监督考核制度建设的基础和核心。水资源风险评价既是对区域当前风险水平的科学判断，也是对过去风险管理部门防控建设成效的客观评价。加强风险评价体系的标准化建设，建立适应不同区域、不同类型水资源风险的标准化评价指标和评价方法体系，对于提高水资源风险评价的科学性、权威性和适应性都具有重要意义。

（2）加快建立水资源风险监督与考核制度。对水资源风险防控与管理实施有效的日常监督检查，动态分析、监督和检查区域水资源风险的变化趋势、内外部信息变化、剩余风险、风险应对计划进度、风险管理绩效评估等，以保证风险应对措施持续有效和识别新风险。建立水资源风险次生风险评估、应对、监督和检查机制。完善相关规章制度，实行全过程信息公开。强化监督与严格考核问责有机结合。推进政府绩效考核制度改革，把水资源风险防控机制建设工作纳入责任制考核之中，与绩效评定挂钩，加大水资源、水环境、水生态责任在考核体系中所占的比重。对于区域所面临的可能带来较大影响的重要风险事项，应当从制度上规定期限，与绩效考核紧密挂钩，限期开展决策部署，杜绝不作为和少作为，尽量避免重大风险可能带来的巨大损失。

6.5 水资源风险信息公开制度

水资源风险信息公开是形成社会化水资源风险防控体系的重要保障。水资源风险信息公开应包括全方位的信息公开，并具有主动性、全面性、准确性和强时效性等特点，是开展“阳光行政”，打造“阳光政府”的重要体现。

（1）加强水资源风险源信息的动态发布。系统地开展不同区域内水资源风险源的识别工作，加快推动水资源风险区划工作，做到对水资源风险源的全覆盖。采用媒体宣传、科普教育、防灾救灾演习等方式对水资源风险源的基本情况（包括风险类型、风险特征、影响范围、危害特点和防御措施等）进行系统、全面的宣传和公示。加强水资源风险源的风险在线监控，开展水资源风险源风险状态的动态发布，建立水生态环境监测信息统一发布机制和信息公开平台，推进大用水户信息、重点排污单位信息、重大建设项目环境影响评价信息的公开，如向公众公开涉重金属、危险化学品企业生产排放、环境管理和周边环境质量等信息等，帮助公众了解当前所面临的风险程度，为采取必要的风险防控应急措施提供科学、有效的信息支撑。

（2）加强水资源风险防控能力建设信息公开。在水资源风险源信息公示的基础上，及时发布区域水资源风险防控能力建设信息，包括重大工程建设、应急能力建设、管理制度建设等，帮助公众知晓区域水资源风险防控能力建设目标与方向，预估区域水资源风险分布和风险程度的变化情况，有利于公众更好地开展社会生产活动，并了解政府在水资源风险防控方面所做的努力，增强对水资源风险防控能力建设的认同感和参与感。

（3）加强水资源风险防控决策信息公开。水资源风险防控决策信息公开，应包括公布水资源风险事件防控决策的背景、决策形成的过程、决策制定的理由和依据，以及具体对策措施等，促进全社会参与水资源风险的界定、讨论和决策，从而最大限度地消除由于风险决策信息程度不对称所引起的误解。水资源风险防控决策信息的公开，能够更好地帮助公众全面了解风险决策的全过程，有利于公众进行区域水资源风险防控决策的科学监督，推动水资源风险防控决策水平的提升，确保风险决策公正性。

（4）加强水资源风险事后评估信息公开。开展水资源风险事件的科学总结与分析是提升对区域水资源风险认识水平的重要环节。对水资源风险事件的事后总结与评估信息公开，应该包括公布风险影响范围、灾害损失、救灾措施、效果评估和经验总结等。公布水资源风险事件的事后总结与评估信息，有利于科学总结区域水资源风险防控能力建设经验教训，为未来水资源的风险防控提供参考；同时也有利于公众对政府开展水资源风险防控工作的成效的进一步认可，帮助提出未来改进水资源风险防控工作的相关建议。

6.6 水资源风险防控关键技术研究与应用

开展水资源风险防控是一项需要在理论认识上不断深入、技术上不断创新、应用上不断实践的庞大系统工程。特别是对于中国这样一个水资源风险管理现状薄弱，水资源风险情况复杂、问题多样的发展中国家来说，亟须针对水资源风险防控的现实问题，从理论、技术、实用等层面，开展有关的研究和应用，不断提高运用现代科技应对水资源风险的能力。

（1）水资源风险机理与风险评估方法研究。在现有的风险机理与评估方法研究基础上，系统总结国内外水资源风险防控的理论研究与应用实践现状，并结合我国水资源风险特点，研究我国水资源风险防控的概念与内涵，开展水资源风险识别与传导机理研究，研究构建我国洪水风险评估的评价指标体系，开展我国水资源风险区划技术与方法研究，为我国水资源风险评估提供技术支撑。

（2）水资源风险防控技术与管理体系研究。进行系统的风险防范，必须建立以技术手段和管理手段为一体的多级风险防范体系，通过建立多级重叠、相互补充的风险防控系统构成牢固的水资源风险防控体系。研究内容包括我国水资源风险的特点与调控现状、水资源风险控制的基本思路与主要策略、我国水资源风险防控管理机制与体系架构（包括管理机构、职能、运行模式等）、水资源调配与工程建设新技术（如水资源风险区划图、跨区域调水工程、水库群多目标优化调度等）。

（3）非常规水资源的开发与利用关键技术研究。加强非常规水资源的开发与利用是有效降低我国水资源风险水平的重要途径，是实现水资源高效利用的有效手段。研究内容包括雨洪资源利用、再生水利用、海水淡化技术等（见专栏6.3）。

专栏6.3

非常规水资源的开发与利用技术

（1）雨洪资源利用。雨洪资源化是指通过规划和设计，采取合理的工程措施，将雨洪转化为可利用水资源的过程。雨洪资源利用中强调了对自然水文循环过程的人为干预。在精确预报、科学调度和确保工程安全的前提下，充分利用洪水资源，减少水资源的无效流失，既是洪水管理的重要内容，又是一种间接的节水措施。目前中国对天然降雨的利用率只有10%，与天然降雨利用率较高的一些国家相比，潜力巨大，发展的前景十分广阔。研究内容包括：雨洪可利用性评价理论与方法、雨洪利用全过程风险诊断与控制技术、复杂系统雨洪协同调控技术、雨洪利用技术标准体系，以及雨水高效利用技术及装备等。

(2) 再生水利用。再生水利用强调水资源的循环利用和资源化，是一种行之有效的节水措施，也是向节水型社会迈进具有重要意义的一步。目前世界上已有不少国家将城市污水开辟为城市第二水资源，有的国家水循环利用率达80%以上，成本费用也远远低于开辟新鲜水源和远距离调水，具有十分可观的经济效益。研究内容包括：城市污水、生活污水、工业废水处理技术，以及污水回用技术（景观用水、农业灌溉用水、工业冷却水等）。

(3) 海水淡化。海水淡化是替代淡水资源的发展方向之一，特别是在沿海地区以及海洋岛屿。目前全世界已建的海水淡化厂有13000多座，海水淡化量已达3500多万t/d，并正以每年10%～20%的速度增长。目前世界上已有1亿多人口以海水淡化作为生活用水水源。随着海水淡化技术的进步，海水淡化单位成本正在逐步下降。研究内容包括先进海水淡化技术、海水淡化集成创新、海水淡化技术标准制与修订、成果市场化推广等。

(4) 节水新技术、新方法研发与推广。随着水资源日益紧缺和水资源开发费用的日益昂贵，节约用水将成为我国经济建设中一项长期基本政策，节水新技术、新方法的研发与推广将进一步加快我国节水型社会建设步伐，推动我国水资源风险水平的不断降低。研究内容包括高耗水行业技术革新、节水产品推广、节水宣传等（见专栏6.4）。

专栏6.4

节水新技术、新方法研发与推广

（1）高耗水行业技术革新。加强高耗水行业用水效率评价，促进节水技术研发与推广，提高水资源利用效率，是降低我国水资源风险水平的重要措施。高耗水行业一直是我国实施资源环境管理中的重要监管对象，部分行业用水效率较低，与国际先进水平有较大差距，与我国当前水资源短缺现状极其不相符。研究内容包括城市工业废水再生回用率关键技术、企业改造工业设备和生产工艺技术研究、降低用水量的政策与市场措施、节水农业技术（包括灌溉渠系利用系数提高、喷灌与滴灌技术、田间水和农艺节水改进技术、低耗水作物种植等）。

（2）节水产品推广。随着人们生活水平的提高以及节水意识的增强，节水产品的市场需求日益增加。随着水费支出占家庭总支出比例的提升，生活节水将会由被动变为主动，为节水产品的推广普及创造了极为有利的机会。研究内容包括家用节水产品研发、节水产品市场推广等。

（5）水资源风险监测预警体系研究。水资源风险监测与预警是进行水资源风险识别和风险评估的重要前提，也是进行风险防控必不可少的手段。开展有效的水资源风险监测预警体系研究，建立有效的水资源风险监测预警管理机制，建设完备的水资源风险监控基础设施网络化以及信息化管理和决策支持平台，是开展我国水资源风险防控的重要内容。研究内容包括：我国水资源风险监测预警管理机制研究，我国水资源、水环境与水生态监测设备技术革新，我国水资源风险监控网络设施规划布局，我国水资源风险监测预警与决策理论方法，以及信息化管理系统平台设计与建设。

（6）水资源风险应急管理与灾害损失应对策略研究。水资源风险应急管理与灾害损失应对是降低水资源突发事件（包括干旱事件、水污染事件、水生态环境破坏事件等）发生后的危害程度，提升科学处置突发事件能力，保障人民生命财产和社会经济发展秩序的重要内容。研究内容包括：我国水资源风险应急管理体制机制，不同类型突发事件应急预案编制方法，灾情动态评估与预警预报，应急装备研发，以及应急救灾队伍与专业人才建设等。

（7）变化环境条件下水资源风险防控理论与技术研究。在全球气候变化以及人类活动加剧的大背景下，加强对变化环境条件下我国水资源风险变化趋势以及适应变化环境的相关理论与技术研究，对我国采取科学和有效的措施来应对变化环境对我国水资源影响，减小对我国水资源风险的不利影响具有重要意义。具体研究内容包括：气候变化与人类活动对我国水资源风险的影响机理，我国水资源领域应对气候变化总体思路与对策措施，以及相关技术标准规范的调整与优化等。

（8）水资源风险市场调控机制研究。应用市场调节机制应对区域水资源风险是开展我国水资源风险调控能力建设重要的创新领域。通过建立一套行之有效的制度措施，改变当前全社会用水行为，引入市场调节模式进行科学管理，有效分散区域水资源风险，提升区域应对巨大水资源风险事件的能力。研究内容包括：我国水权概念与初始水权分配，水权交易与水市场建设模式，水资源短缺风险分散机制与保险，以及干旱巨灾保险框架与制度研究等。

第 7 章

结论和建议

水资源风险防控是一项长期、系统的工程，是一项需要全社会、各部门共同参与的工程。针对我国水资源风险管控现状与需求，为加强我国水资源风险防控，提出以下保障措施建议。

（1）强化水资源风险应对的主体责任。水资源风险应对是一项涉及多领域、多部门的系统工程，必须落实相关主体责任。一是强化地方政府的责任地位，明确各级地方人民政府在保障本区域水资源安全的主体地位，制定年度目标和重点任务，把水资源风险应对作为约束性指标纳入地方各级政府政绩考核。二是加强跨部门协调，建立全国水资源风险应对工作协调机制，定期研究解决重大问题。三是严格目标任务考核，制定保障水资源安全的目标和行动路线并严格执行，分解落实目标任务，按年度进行考核并公布考核结果。四是加大宣传教育，定期公布水资源安全评估结果，通过各种途径加大宣传力度，倡导绿色生产生活方式，营造全社会关心和维护水资源安全的良好局面。

（2）划定并严守水生态保护红线。把水生态保护红线作为保障国家水资源安全的一种主要底线，结合最严格水资源管理制度

“三条红线”，划定并严守水生态保护红线，确保水资源安全。一是开展水土资源健康评价工作。根据水土资源类型、功能和开发利用方式，合理确定水土资源健康指标体系，根据评价结果科学确定水生态保护系统边界。二是划定水生态保护红线。依托水土资源健康评价结果，建立水生态保护红线控制指标体系，划定水生态保护红线，构建系统完整的水生态保护空间格局。三是制定严格的水生态保护红线管理办法，运用法律行政等多种手段严守水生态保护红线。生态保护红线的相关介绍参见专栏7.1。

专栏7.1

关于生态保护红线

生态保护红线的概念以“红线”为基础，是从生态保护角度划定的需要进行严格保护的空间边界与管理限值，其划定对象主要包括重点生态功能区、生态环境敏感区和脆弱区。生态保护红线中的“红线”一词，指不可逾越的限制性边界线或禁止进入的范围，指严格管控事物的空间界线、数量或管理限值（要求）。基于对“红线”一词的理解，“生态保护红线”可定义为：为维护国家生态安全，在提升生态功能、改善环境质量、促进资源高效利用等方面必须实行严格保护的空间边界与管理限值。生态保护红线划定的空间主要是重点生态功能区、生态环境敏感区和脆弱区，包括具有重要水源涵养、生物多样性维护、水土保持、防风固沙、海岸生态稳定等功能的生态功能区，以及水土流失、土地沙化、石漠化、盐渍化等生态环境敏感区和脆弱区。

为对重点生态功能区、生态环境敏感区和脆弱区实行严格的生态保护，党中央逐步提出建立生态保护红线制度体系的政策要求。2011年以前，生态保护红线多以“控制区”“控制线”等形式出现。2011年，《国务院关于加强环境保护重点工作的意见》（国发〔2011〕35号）首次以政府文件形式，提出在重要生态功能区、陆地和海洋生态环境敏感区、脆弱区等区域划定生态红线的重要战略任务。2014—2015年，“划定生态保护红线，实行严格保护”被纳入《中华人民共和国环境保护法》和《国家安全法》，并写入《生态文明体制改革总体方案》。2017年《关于划定并严守生态保护红线的若干意见》（厅字〔2017〕2号）的公布，标志着全国生态保护红线划定与制度体系建设工作正式全面启动。

随着全面建立生态保护红线制度体系的提出，生态保护红线逐步上升到国家生态保护战略高度，划定并严守生态保护红线，对维护国家和区域生态安全、推动经济社会可持续发展具有重要的现实意义。生态保护红线通过建立最为严格的生态保护制度，对生态功能保障、环境质量安全和自然资源利用等提出更高的监管要求，构建了结构完整、功能稳定的生态安全格局，有效地维护了国家和区域生态安全。生态保护红线的划定按照人口资源环境相均衡、经济社会生态效益相统一的原则，全面统筹生态保护和经济发展，进行国土空间用途管制，能够增强经济社会可持续发展能力。因此，我国要坚持绿色发展观，把握生态保护与经济发展的辩证关系，抓紧划定生态保护红线，加快建立生态保护红线管控制度，守住国家生态安全的底线和生命线。

（3）建立水生态保护补偿机制。通过财政转移支付、项目投入和设立生态补偿基金等方式，建立河流上下游、重要水源地、重要水生态修复治理区生态保护补偿机制，利用生态保护补偿机制，推动形成跨区域、上下游协同应对水资源风险的机制。一是建立流域上下游生态保护补偿机制，推动区域间横向生态补偿。二是建立重要水生态修复治理区生态保护补偿机制。对西北内陆河、地下水严重超采、部分主要江河等水资源风险水平较高的地区，以及水源涵养区、饮用水水源地、蓄滞洪区等重要水生态功能区，通过生态保护补偿机制实施水生态保护和治理项目，维护和改善水资源安全状况。生态保护补偿的相关介绍参见专栏 7.2。

专栏 7.2

关于生态保护补偿

生态保护补偿是生态保护受益者向生态保护者提供补偿的激励性制度政策，对推动经济社会可持续发展、协调区域发展、助力脱贫攻坚具有重要意义。生态保护补偿是在综合考虑生态保护成本、发展机会成本和生态服务价值的基础上，采取财政转移支付或市场交易等方式，由生态保护受益者通过向生态保护者以支付金钱、物质或提供其他非物质利益，对生态保护者的成本支出以及其他相关损失的行为给予合理补偿的激励性制度政策。生态保护补偿通过引导生态受益者履行补偿义务，激励生态保护者保护生态环境，平衡生态保护者和受益者利益关系，推动经济社会可持续发展。通过区域间的生态保护补偿，利用补偿资金构建具有区域特色的绿色产业体系，平衡协调区域发展。此外，生态保护补偿为生态脱贫提供了重要物质支撑，可以结合生态补偿推进精准扶贫，开展脱贫攻坚工作。

自生态保护补偿提出以来，我国在积极探索中逐步建立和深化了生态保护补偿机制。从2005年《关于制定国民经济和社会发展第十一个五年规划的建议》首次提出“按照谁开发谁保护、谁受益谁补偿的原则，加快建立生态补偿机制”以来，国务院每年都将生态保护补偿机制建设列为年度工作要点。2016年5月，国务院办公厅发布《关于健全生态保护补偿机制的意见》（国办发〔2016〕31号），指出“到2020年，实现森林、草原、湿地、荒漠、海洋、水流、耕地等重点领域和禁止开发区域、重点生态功能区等重要区域生态保护补偿全覆盖”，生态保护补偿的顶层设计获得重大进展。2017年，党的十九大报告明确提出，要“建立市场化、多元化生态保护补偿机制”。2019年，党的十九届四中全会进一步要求落实生态保护补偿制度。2021年，国家发展和改革委员会召开生态保护补偿工作部际联席会议强调，“十四五”时期应重点聚焦生态保护补偿立法工作，加强顶层设计和统筹谋划，对生态保护补偿提出了更高要求。

随着生态保护补偿机制日臻成熟，生态保护补偿工作在全国范围内逐渐全面铺开，在实施过程中应满足以下四点基本原则。

（1）权责统一、合理补偿。谁受益、谁补偿。科学界定保护者与受益者权利义务，推进生态保护补偿标准体系和沟通协调平台建设，加快形成受益者付费、保护者得到合理补偿的运行机制。

（2）政府主导、社会参与。发挥政府对生态环境保护的主导作用，加强制度建设，完善法规政策，创新体制机制，拓宽补偿渠道，通过经济、法律等手段，加大政府购买服务力度，引导社会公众积极参与。

（3）统筹兼顾、转型发展。将生态保护补偿与实施主体功能区规划、西部大开发战略和集中连片特困地区脱贫攻坚等有机结合，逐步提高重点生态功能区等区域基本公共服务水平，促进其转型绿色发展。

（4）试点先行、稳步实施。将试点先行与逐步推广、分类补偿与综合补偿有机结合，大胆探索，稳步推进不同领域、区域生态保护补偿机制建设，不断提升生态保护成效。

我国要在保障以上四点基本原则的基础上，积极落实国家生态补偿政策，大力推行实施生态保护补偿，建立健全生态保护补偿制度，探索建立多元化生态保护补偿机制，逐步扩大补偿范围，合理提高补偿标准，有效调动全社会参与生态环境保护的积极性，促进生态文明建设迈上新台阶。

（4）加强水资源安全立法研究。为依法维护水资源安全，需要加快制定完善相关法律法规，填补我国水资源安全法律法规体系中的空白。一是梳理水资源安全有关法律法规，及时提出“立改废”建议；二是加快地下水保护、节约用水、生态保护补偿等立法进程；三是加大对破坏水生态环境行为的处罚力度。

参 考 文 献

[1] ARNETH A, DENTON F, AGUS F, et al. Framing and context [M]. Climate change and land: An IPCC special report on climate change, desertification, land degradation, sustainable land management, food security, and greenhouse gas fluxes in terrestrial ecosystems. Geneva: Intergovernmental Panel on Climate Change (IPCC), 2019: 1-98.

[2] AVEN T. On how to define, understand and describe risk [J]. Reliability Engineering & System Safety, 2010, 95 (6): 623-631.

[3] BÄR R, ROUHOLAHNEJAD E, RAHMAN K, et al. Climate change and agricultural water resources: A vulnerability assessment of the Black Sea catchment [J]. Environmental Science & Policy, 2015, 46: 57-69.

[4] BRUNNER M I, BJÖRNSEN GURUNG A, ZAPPA M, et al. Present and future water scarcity in Switzerland: Potential for alleviation through reservoirs and lakes [J]. Science of the Total Environment, 2019, 666: 1033-1047.

[5] Asian Disaster Reduction Center. Total disaster risk management-Good practices [R]. Kobe: Asian Disaster Reduction Center (ADRC), 2005.

[6] CRICHTON D. The Risk Triangle [C] //INGLETON J, Ed. Natural Disaster Management, London: Tudor Rose, 1999: 102-103.

[7] DAIGNEAULT A, BROWN P, GAWITH D. Dredging versus hedging: Comparing hard infrastructure to ecosystem-based adaptation to flooding [J]. Ecological Economics, 2016, 122: 25-35.

[8] IPCC. Climate change 2014-Impacts, adaptation and vulnerability: Regional aspects [R]. Cambridge: Cambridge University Press, 2014.

[9] KRON W. Flood risk = hazard * values * vulnerability [J]. Water

International, 2005, 30 (1): 58 - 68.

[10] LI R, GUO P, LI J. Regional water use structure optimization under multiple uncertainties based on water resources vulnerability analysis [J]. Water Resources Management, 2018, 32 (5): 1827 - 1847.

[11] RAAIJMAKERS R, KRYWKOW J, VAN DER VEEN A. Flood risk perceptions and spatial multi - criteria analysis: an exploratory research for hazard mitigation [J]. Natural Hazards, 2008, 46 (3): 307 - 322.

[12] TODOROVA K. Adoption of ecosystem - based measures in farmlands - new opportunities for flood risk management [J]. Trakia Journal of Sciences, 2017, 15: 152 - 157.

[13] WU N, ISMAIL M, JOSHI S, et al. Livelihood diversification as an adaptation approach to change in the pastoral Hindu - Kush Himalayan region [J]. Journal of Mountain Science, 2014, 11 (5): 1342 - 1355.

[14] 薄文广，陈飞. 京津冀协同发展：挑战与困境 [J]. 南开学报（哲学社会科学版），2015 (1): 110 - 118.

[15] 陈茂山，陈金木. 把水资源作为最大的刚性约束如何破题 [J]. 水利发展研究，2020, 20 (10): 15 - 19.

[16] 陈鹏，张继权，季钰，等. 基于风险理论的城市水资源综合风险评价——以吉林省为例 [C]. 长春：中国灾害防御协会风险分析专业委员会第四届年会，2010.

[17] 陈岩. 流域水资源脆弱性评价与适应性治理研究框架 [J]. 人民长江，2016, 47 (17): 30 - 35.

[18] 陈耀，张可云，陈晓东，等. 黄河流域生态保护和高质量发展 [J]. 区域经济评论，2020, (1): 8 - 22.

[19] 程晓冰. 水资源保护与管理中的公众参与 [J]. 水利发展研究，2003 (8): 26 - 27.

[20] 崔小红，王缔，祖培福，等. 层次分析法在水资源短缺评价中的应用 [J]. 数学的实践与认识，2014, 44 (6): 270 - 273.

[21] 高发奎，丁启夏，石小锋，等. 梯级引水式电站对生态环境的影响及其监管对策研究 [J]. 甘肃科技，2011, 27 (2): 31 - 33, 95.

[22] 高吉喜. 国家生态保护红线体系建设构想 [J]. 环境保护，2014, 42

(Z1)：18－21.

[23] 高鹏. 水利水电工程洪水风险分析研究与洪水保险的初探［D］. 乌鲁木齐：新疆农业大学，2008.

[24] 高晓容，张继权，李硕，等. 北京市通州区暴雨特征及风险评估研究［J］. 安徽农业科学，2015，43（27）：167－171.

[25] 葛全胜，邹铭，郑景云. 中国自然灾害风险综合评估初步研究［M］. 北京：科学出版社，2008.

[26] 郭先华. 城市水源地生态风险评价及水质安全管理［D］. 贵阳：贵州大学，2008.

[27] 韩宇平. 水资源短缺风险管理研究［D］. 西安：西安理工大学，2003.

[28] 韩宇平，阮本清. 区域水安全评价指标体系初步研究［J］. 环境科学学报，2003，(2)：267－272.

[29] 韩宇平，阮本清，汪党献. 区域水资源短缺的多目标风险决策模型研究［J］. 水利学报，2008（6）：667－673.

[30] 何斌，武建军，吕爱锋. 农业干旱风险研究进展［J］. 地理科学进展，2010，29（5）：557－564.

[31] 何军，刘桂环，文一惠. 关于推进生态保护补偿工作的思考［J］. 环境保护，2017，45（24）：7－11.

[32] 胡中华. 论流域水资源管理的公众参与［J］. 青海环境，2008，18（4）：156－161.

[33] 黄崇福，刘安林，王野. 灾害风险基本定义的探讨［J］. 自然灾害学报，2010，19（6）：8－16.

[34] 黄润秋. 划定生态保护红线 守住国家生态安全的底线和生命线［J］. 时事报告（党委中心组学习），2017（5）：50－65.

[35] 贾绍凤，何希吾，夏军. 中国水资源安全问题及对策［J］. 中国科学院院刊，2004（5）：347－351.

[36] 蒋大林，曹晓峰，匡鸿海，等. 生态保护红线及其划定关键问题浅析［J］. 资源科学，2015，37（9）：1755－1764.

[37] 金菊良，宋占智，崔毅，等. 旱灾风险评估与调控关键技术研究进展［J］. 水利学报，2016，47（3）：398－412.

[38] 康玲芬，李开明，李明涛. 城市水资源污染管理及其应对策略［J］. 甘肃社会科学，2016（2）：242－245.

[39] 孔新峰. 习近平关于推进国家治理体系和治理能力现代化重要论述的历史逻辑与科学内涵 [J]. 当代世界社会主义问题，2019 (1)：12-21.

[40] 李景波，董增川，王海潮，等. 城市供水风险分析与风险管理研究 [J]. 河海大学学报 (自然科学版)，2008 (1)：35-39.

[41] 李景鹏. 关于推进国家治理体系和治理能力现代化——“四个现代化”之后的第五个“现代化” [J]. 天津社会科学，2014 (2)：57-62.

[42] 李明辉，李友辉，易卫华，等. 江西省中小河流洪水风险评价研究 [J]. 人民长江，2011，42 (13)：31-34.

[43] 李如忠，洪天求，金菊良. 河流水质模糊风险评价模型研究 [J]. 武汉理工大学学报，2007 (2)：43-46.

[44] 李万志，张调风，马有绚，等. 基于灾害风险因子的青海省干旱灾害风险区划 [J]. 干旱气象，2021，39 (3)：480-485，493.

[45] 刘昌明，赵彦琦. 由供水管理转需水管理 实现我国需水的零增长 [J]. 科学对社会的影响，2010 (2)：18-24.

[46] 刘道祥. 水资源系统风险管理研究综述 [J]. 西北水电，2003 (1)：5-8.

[47] 刘冬，林乃峰，张文慧，等. 生态保护红线：文献综述及展望 [J]. 环境生态学，2021，3 (1)：10-16.

[48] 刘航，蒋尚明，金菊良，等. 基于 GIS 的区域干旱灾害风险区划研究 [J]. 灾害学，2013，28 (3)：198-203.

[49] 柳荻，胡振通，靳乐山. 生态保护补偿的分析框架研究综述 [J]. 生态学报，2018，38 (2)：380-392.

[50] 马保成. 自然灾害风险定义及其表征方法 [J]. 灾害学，2015，30 (3)：16-20.

[51] 彭卫民. 流域水生态环境保护的实践分析与探索 [J]. 资源节约与环保，2020 (3)：13，15.

[52] 彭文启. 水功能区限制纳污红线指标体系 [J]. 中国水利，2012 (7)：19-22.

[53] 冉连起. 实施水资源风险管理相关问题的探讨 [J]. 水利发展研究，2003 (2)：33-34.

[54] 阮本清，韩宇平，王浩，等. 水资源短缺风险的模糊综合评价 [J].

水利学报，2005 (8)：906-912.

[55] 尚文绣，王忠静，赵钟楠，等. 水生态红线框架体系和划定方法研究 [J]. 水利学报，2016，47 (7)：934-941.

[56] 尚志海. 基于人地关系的自然灾害风险形成机制分析 [J]. 灾害学，2018，33 (2)：5-9.

[57] 宋世明. 深化党和国家机构改革 推进国家治理体系和治理能力现代化 [J]. 行政管理改革，2018 (5)：4-12.

[58] 唐金成，曹斯蔚. 中国农业大灾保险发展研究 [J]. 经济研究参考，2018，(47)：71-76.

[59] 田竹君，暴瑞玲，苗莹，等. 松辽流域生态风险管理对策研究 [J]. 东北水利水电，2013，31 (8)：32-34.

[60] 万锋，张庆华. 城市供水水质风险管理研究 [J]. 人民长江，2009，40 (16)：76-78.

[61] 王刚，严登华，杜秀敏，等. 基于水资源系统的流域干旱风险评价——以漳卫河流域为例 [J]. 灾害学，2014，29 (4)：98-104.

[62] 王冠军，郎劢贤，刘卓. 强化河湖长制 推进河湖治理保护 [J]. 水利发展研究，2021，21 (1)：23-25.

[63] 王浩. 中国水资源问题与可持续发展战略研究 [M]. 北京：中国电力出版社，2010.

[64] 王浩，贾仰文. 变化中的流域“自然-社会”二元水循环理论与研究方法 [J]. 水利学报，2016，47 (10)：1219-1226.

[65] 王俊燕，刘永功，卫东山. 我国流域管理公众参与机制初探 [J]. 人民黄河，2016，38 (12)：66-69，73.

[66] 王庆国，李嘉，李克锋，等. 减水河段水力生态修复措施的改善效果分析 [J]. 水利学报，2009，40 (6)：756-761.

[67] 王帅，陈文磊. 水生态补偿理论及其在三江源国家公园中的实践 [J]. 中国水利，2020 (11)：10-12.

[68] 王雪梅，刘静玲，马牧源，等. 流域水生态风险评价及管理对策 [J]. 环境科学学报，2010，30 (2)：237-245.

[69] 王银成. 国际巨灾保险制度比较研究 [M]. 北京：中国金融出版社，2013.

[70] 王勇. 坚持以水而定、量水而行 建立完善水资源刚性约束制度 [J]. 河北水利，2021 (3)：29.

[71] 王铮，郑一萍，冯皓洁. 气候变化下中国粮食和水资源的风险分析 [J]. 安全与环境学报，2001 (4)：19-23.
[72] 魏健，潘兴瑶，孔刚，等. 基于生态补水的缺水河流生态修复研究 [J]. 水资源与水工程学报，2020，31 (1)：64-69，76.
[73] 吴东丽，王春乙，薛红喜，等. 华北地区冬小麦干旱风险区划 [J]. 生态学报，2011，31 (3)：760-769.
[74] 吴乐，孔德帅，靳乐山. 中国生态保护补偿机制研究进展 [J]. 生态学报，2019，39 (1)：1-8.
[75] 吴强，马毅鹏，李淼. 深刻领会、全面落实习总书记"把水资源作为最大的刚性约束"指示精神 [J]. 水利发展研究，2020，20 (1)：6-9.
[76] 吴志广，庄超，许继军. 河湖长制从"有名"向"有实"转变的现实挑战与法律对策 [J]. 中国水利，2019 (14)：1-4.
[77] 夏军，刘春蓁，任国玉. 气候变化对我国水资源影响研究面临的机遇与挑战 [J]. 地球科学进展，2011，26 (1)：1-12.
[78] 夏军，翁建武，陈俊旭，等. 多尺度水资源脆弱性评价研究 [J]. 应用基础与工程科学学报，2012，20 (S1)：1-14.
[79] 肖伟华，庞莹莹，张连会，等. 南水北调东线工程突发性水环境风险管理研究 [J]. 南水北调与水利科技，2010，8 (5)：17-21.
[80] 肖义，郭生练，熊立华，等. 大坝安全评价的可接受风险研究与评述 [J]. 安全与环境学报，2005 (3)：90-94.
[81] 邢培桢. 水资源管理中公众参与研究 [J]. 合作经济与科技，2020 (10)：131-132.
[82] 徐娜. 流域水资源脆弱性评价和适应性管理 [D]. 南京：南京林业大学，2018.
[83] 许凤冉，唐颖复，阮本清，等. 跨省江河源区生态补偿机制框架与案例研究 [J]. 水利发展研究，2020，20 (12)：9-13.
[84] 闫聪慧. 习近平总体国家安全观探析 [D]. 武汉：华中师范大学，2015.
[85] 杨邦杰，高吉喜，邹长新. 划定生态保护红线的战略意义 [J]. 中国发展，2014，14 (1)：1-4.
[86] 姚岚，丁庆龙，俞振宁，等. 生态保护红线研究评述及框架体系构建 [J]. 中国土地科学，2019，33 (7)：11-18.
[87] 应松年. 加快法治建设促进国家治理体系和治理能力现代化 [J]. 中国法学，2014 (6)：40-56.

[88] 虞锡君. 构建太湖流域水生态补偿机制探讨 [J]. 农业经济问题, 2007 (9): 56-59.
[89] 张飞, 陈道胜. 世界水日、中国水周主题下的水资源发展回顾与展望 [J]. 水利水电科技进展, 2020, 40 (4): 77-86, 94.
[90] 张俊玲, 何飞, 王浩. 灾害风险管理与灾害保险 [J]. 中国减灾, 2013 (1): 38-39.
[91] 张利平, 夏军, 胡志芳. 中国水资源状况与水资源安全问题分析 [J]. 长江流域资源与环境, 2009, 18 (2): 116-120.
[92] 张然, 许苏明. 习近平总体国家安全观战略思想探析 [J]. 思想理论教育导刊, 2017 (1): 54-58.
[93] 张睿. 论习近平总体国家安全观 [D]. 乌鲁木齐: 新疆师范大学, 2017.
[94] 张爽. 习近平总体国家安全观研究 [D]. 杭州: 中国计量大学, 2019.
[95] 张晓. 中国水污染趋势与治理制度 [J]. 中国软科学, 2014, (10): 11-24.
[96] 张学良, 陈建军, 权衡, 等. 加快推动长江三角洲区域一体化发展 [J]. 区域经济评论, 2019 (2): 80-92.
[97] 章国材. 气象灾害风险评估与区划方法 [M]. 北京: 气象出版社, 2010.
[98] 长江流域发展研究院课题组. 长江经济带发展战略研究 [J]. 华东师范大学学报 (哲学社会科学版), 1998 (4): 49-55.
[99] 赵同谦, 欧阳志云, 王效科, 等. 中国陆地地表水生态系统服务功能及其生态经济价值评价 [J]. 自然资源学报, 2003 (4): 443-452.
[100] 赵晓斌, 强卫, 黄伟豪, 等. 粤港澳大湾区发展的理论框架与发展战略探究 [J]. 地理科学进展, 2018, 37 (12): 1597-1608.
[101] 赵钟楠, 田英, 张越, 等. 水资源风险内涵辨析与中国水资源风险现状 [J]. 人民黄河, 2019, 41 (1): 46-50.
[102] 郑菲, 孙诚, 李建平. 从气候变化的新视角理解灾害风险、暴露度、脆弱性和恢复力 [J]. 气候变化研究进展, 2012, 8 (2): 79-83.
[103] 衷平, 沈珍瑶, 杨志峰, 等. 石羊河流域水资源短缺风险敏感因子

的确定［J］．干旱区资源与环境，2005（2）：81－86.
［104］ 周武光．中国水灾风险管理研究的进展与展望［J］．地学前缘，2001（1）：201－202.
［105］ 周武光，史培军．洪水风险管理研究进展与中国洪水风险管理模式初步探讨［J］．自然灾害学报，1999（4）：62－72.
［106］ 邹长新，王丽霞，刘军会．论生态保护红线的类型划分与管控［J］．生物多样性，2015，23（6）：716－724.